中国海水淡化年鉴(2010)

China year book of sea water desalination

主编 杨尚宝

海洋出版社

2012年 · 北京

图书在版编目(CIP)数据

中国海水淡化年鉴 2010/ 杨尚宝主编.—北京: 海洋出版社, 2012.1
ISBN 978－7－5027－8192－7

Ⅰ.①中… Ⅱ.①杨… Ⅲ.①海水淡化－中国－2010－年鉴 Ⅳ.①P747-54

中国版本图书馆 CIP 数据核字(2012)第 010436 号

责任编辑：苏 勤
责任印制：赵麟苏
海洋出版社 出版发行
http://www.oceanpress.com.cn
北京市海淀区大慧寺路 8 号 邮编：100081
北京画中画印刷有限公司印刷 新华书店北京发行所经销
2012 年 1 月第 1 版 2012 年 1 月第 1 次印刷
开本：889 mm × 1194 mm 1/16 印张：5
字数：90 千字 定价：50.00 元
发行部：62132549 邮购部：68038093 总编室：62114335

中国海水淡化年鉴（2010）

主　编　杨尚宝
副主编　郑根江

杭州水处理技术中心主持的膜法海水淡化产业技术创新战略联盟在杭州组建

国家发展改革委组织的"十二·五"海水淡化产业发展规划及政策研讨会在湖北恩施召开

中国工程院65名专家院士组成的“浙江省沿海及海岛综合开发战略研究”项目调研组在杭州考察

中国农工民主党开展海水利用调研

中日节能环保综合论坛（海水淡化与水处理分论坛）在日本举行

国家海水淡化重点示范项目
舟山六横岛海水淡化一期工程

国家投资开发公司
北疆电厂海水淡化工程

前　言

水是生命之源，是经济社会发展的基础。我国水资源短缺，且时空分布不均。而我国海域辽阔，海水资源丰富。海水淡化是开源之举，是缓解我国水资源短缺形势的重要举措之一，是水资源的重要补充和战略储备。发展海水淡化产业具有重要的战略意义和现实意义。

《中国海水淡化年鉴 2010》由中国海水淡化与水再利用学会主持编写。中国海水淡化与水再利用学会成立于 1982 年。近 30 年来，学会通过广泛开展国内外学术交流活动，与政府相关部门密切联系，与行业内科研院所、高等院校、工程公司、设备制造商与销售商等企事业单位保持良好的合作，积累了宝贵的技术经验和大量的数据与资料，这对促进我国海水淡化技术和产业的发展起着十分重要的作用。

《中国海水淡化年鉴 2010》的出版，是我国海水淡化领域的一件大事。50 多年来未有一本较全面反映我国海水淡化的发展、技术、应用、政策、标准及管理等方面的年鉴。《中国海水淡化年鉴 2010》的出版发行，填补了这一空白。它不仅是我国水处理技术工作者和相关企业了解及掌握我国海水淡化产业发展的重要文献，同时也是政府相关部门宏观决策和技术管理的重要参考资料。我们希望《中国海水淡化年鉴 2010》能成为广大读者的好助手和工具。

在年鉴编写过程中，我们得到许多专家、学者以及单位的大力支持和帮助，在此表示衷心地感谢。对年鉴的内容，我们力求准确、规范、全面。但由于我国海水淡化产业尚处初步阶段，发展还不平衡，缺乏系统性；而该领域的关联复杂、实况变化大。因此，错误和疏漏在所难免，诚望广大读者批评指正。

中国海水淡化与水再利用学会

2011 年 3 月

上善若水海纳百川
淡化海水浓缩感情
南水同行

目　录

中国海水淡化行业概览

中国海水淡化装置容量

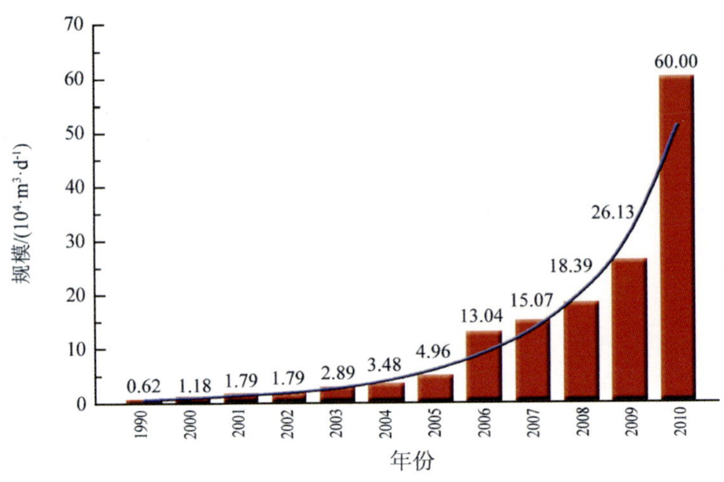

中国海水淡化产量分布

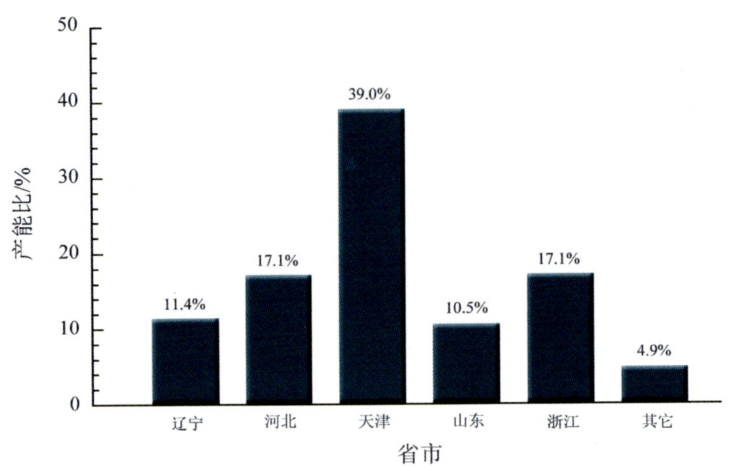

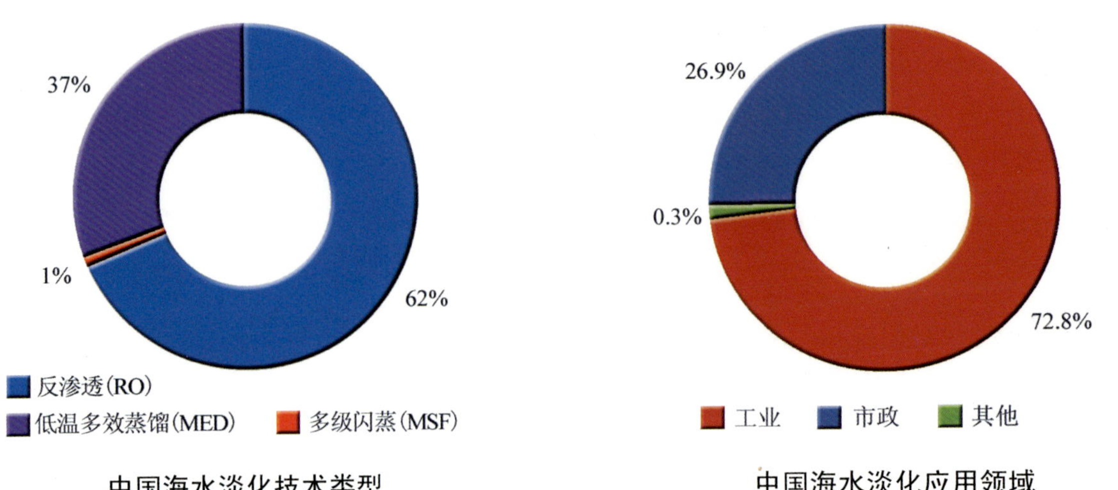

中国海水淡化技术类型

中国海水淡化应用领域

第一篇

综 述

- 中国海水淡化发展简史
- 中国海水淡化发展现状
- 中国海水淡化发展方向
- 国外海水淡化发展情况

水是基础性的自然资源，对一个国家来说也是最具战略性的经济资源。水资源的可持续利用，是国家经济和社会可持续发展极为重要的保证。我国淡水资源量严重短缺，状况不容乐观。我国淡水资源总量为 28 124 亿 m^3，位居世界第 6 位，人均淡水资源量为 2 220 m^3，为世界人均量的 1/4，居世界第 121 位，被联合国列为 13 个最贫水国之一。我国目前有 16 个省、自治区、直辖市人均水资源量低于 1700 m^3，为中度缺水。其中 10 个省、区、市人均水资源量低于 500 m^3，为重度缺水。在全国的 660 多个大中型城市中，有 400 多个城市缺水，其中 108 个严重缺水，且分布也极不均衡。同时，人口剧增，生态环境恶化，工农业用水技术落后，水体大量污染等，人为加剧了我国水资源贫乏的程度。在资源性缺水的同时，伴随着水质性缺水，这种双重缺水的特征，已成为我国经济社会可持续发展的重大瓶颈。

目前，我国沿海地区特别是北方沿海地区已是极为缺水的地区之一，沿海 11 个省、区、市占全国土地面积 15%，养活了全国 40%的人口，创造了全国 67%的国内生产总值（GDP），在我国经济社会发展中占有极其重要的地位。但水资源总量仅占全国的 1/4，人均水资源量为 1266 m^3，还不足全国人均水资源量的 60%；全国人均综合用水量 412 m^3，北方沿海 4 省、市（天津市、河北省、山东省和辽宁省）人均综合用水量约 269 m^3，属资源性缺水，南方沿海 7 个省（区）、市（上海市、江苏省、浙江省、福建省、广东省、广西壮族自治区、海南省）人均综合用水量约 560 m^3。沿海地区的总供（用）水量达 2 282×10^8 m^3，为全国的 42.9%；工业、农业、生活用水量分别为 600×10^8 m^3、1 336×$10^8$$m^3$ 和 306×10^8 m^3，分别为全国的 51.1%、38.9%和 48.5%。

海水淡化是突破这一制约，解决我国水资源危机的一种根本性举措，也是为沿海地区经济社会可持续发展，提供水资源保障的战略选择，具有重大的现实意义和深远的战略意义。

首先，海水淡化能够优化沿海地区水资源结构。我国沿海地区的水资源结构单一，大多过度依赖于地表水或开采地下水，由此造成了生态环境的恶化；同时，农业、工业与居民生活争水现象严重，用水结构性问题凸显，区域经济社会发展受到极大制约。海水淡化水源，具有洁净、高纯度和供给稳定的特点，是安全可靠的高品位水源，可直接作为饮用水或其他用水。扩大海水淡化产业规模，以提高海水淡化水作为居民饮用水和工业用除盐水的供给能力，对于淡水资源紧张的沿海地区来说，无疑是有效缓解淡水资源不足、促进水资源结构优化的最好方法。

第二,海水淡化可保障海岛的合理开发与利用。在我国300万平方千米海域中,面积超过500平方米的岛屿有6500多个,它们具有十分重要的经济和军事战略地位,与我国的核心利益和国家安全密切相关。但大多数岛屿因缺乏淡水资源而无法居住或开发,已有常住居民的400多个岛屿也普遍存在缺水问题。2011年4月,国家颁布海岛经济开发规划,旨在加强海岛保护和利用,推动海岛经济的发展。但水资源短缺,严重制约着海岛经济的开发与建设。能否有效解决水资源供应,是关系到海岛能否维持人们生活及海岛经济开发成败的首要问题。在今后的海岛开发建设过程中,海水淡化水源应成为海岛的第一淡水水源。

党中央在十六大、十七大以来,提出全面建设小康社会与构建社会主义和谐社会的奋斗目标。这为水资源的可靠保障和可持续利用,特别是满足沿海城市和海岛军民与工业用水的需求,大幅度提高我国海水淡化产业规模和水平提供前所未有的机遇。发展我国海水淡化产业,应在遵循市场配置资源的基本规律同时,走法规规范、政策导向、统筹规划、结构优化、布局合理、技术支撑、示范推动、项目保障、市场培育的产业之路,以提高海水淡化在解决沿海地区以及全国水资源短缺问题中的贡献,促进经济社会长期稳定发展。

我国的海水淡化技术研究,是在科技计划和产业计划驱动下发展起来的,经过50多年的不懈努力,已具备了较成熟的海水淡化技术,形成了良好的产业发展基础,成为世界上少数几个掌握海水淡化技术的国家之一。

一、中国海水淡化发展简史

- 1958年,国家海洋局第二海洋研究所海水淡化研究室石松研究员等人首先在我国开展电渗析海水淡化的研究。
- 1960年,船舶工业部上海704研究所开发了5 m³/d级压汽蒸馏淡化装置和利用柴油机缸套水余热的闪蒸淡化装置装备舰船使用。
- 1965年,山东海洋学院化学系在国内最先进行反渗透CA不对称膜的研究。
- 1967－1969年,国家组织了全国海水淡化会战,同时开展了电渗析、反渗透和蒸馏法(多级闪蒸、压气蒸馏和低温多效蒸馏)等多种海水淡化技术方法的研究开发。
- 1968年,国家科委、国家海洋局共同组织,中国科学院青岛海洋研究所,中国科学院化学研究所,国家海洋局第一、第二、第三海洋研究所,山东海洋学院,天津大学,北京市环境保护研究所,北京市给排水设计院和化工部兰州化工机械研究所参加的反渗透海水淡化会战,研制成功了我国第一台板式反渗透淡化器。
- 20世纪60年代末,我国成功研制了电渗析一次脱盐工艺和定时倒极电渗析技术,解决了电渗析装置的极化问题,提高了运行稳定性。

● 1970 年，全国海水淡化会战主力汇集杭州，在国家海洋局第二海洋研究所成立了全国第一个海水淡化研究室，开展了电渗析、反渗透、蒸馏法等多种海水淡化技术的研究，为海水淡化事业的发展奠定了基础。

● 1974 年开始，在天津市科委的组织下，天津大学、轻工业部制盐研究所等单位共同研制和试验完成日产百吨级多级闪蒸海水淡化原型试验装置及中试研究，取得一定的设计参数和经验，生产淡水能力达 72 m^3/d。

● 1977 年前后，中国科学院院兰州冰川冻土沙漠研究所、大连化学物理研究所、国家海洋局二所以及化工部晨光化工研究所，开展了复合反渗透膜的研究。

● 1977 年大连市海水淡化蒸馏法协作组（大连工学院、石油七厂等）研制成功我国第一套竖管多效蒸发海水淡化试验装置，产水能力 10～12 m^3/d。

● 1981 年，杭州水处理技术研究开发中心（其前身为国家海洋局第二海洋研究所淡化室）在西沙群岛永兴岛建成了我国第一个日产淡水 200 m^3/d 的电渗析海水淡化站，实现了淡水生产成本为船运淡水成本 1/4 的目标。

● 1982 年，中国海水淡化与水再利用学会经中国科协学会部批准成立，挂靠杭州水处理技术研究开发中心。

● 1982 年，浙江省嵊泗岛建成一套 0.3 m^3/d 的太阳能淡化设备，缓解了当地饮用水短缺的紧张局面。

● 1984 年，国家海洋局以国家海洋局第二海洋研究所海水淡化研究室为主体，正式组建国家海洋局杭州水处理技术研究开发中心，开展膜技术与膜过程、膜及膜材料的研究与应用。

● 1984 年，国家海洋局天津海水淡化与综合利用研究所成立，开始蒸馏法海水淡化装置研究。

● 1987 年大港电厂从美国 ESCO 公司引进两套 3000 m^3/d MSF 海水淡化装置，与离子交换法结合，解决锅炉补给水的供应。

● 1991 年，由杭州水处理技术研究开发中心承建的我国援助马尔代夫 2 m^3/d 海水淡化电渗析装置投入运行。

● 1992 年，国家科委决定，以杭州水处理技术研究开发中心为依托，组建国家液体分离膜工程技术研究中心。

● “七五”以来，反渗透海水淡化技术的开发研究被列入国家重点攻关项目。期间完成了中、低盐度反渗透膜和组件的研制，建立了海水淡化示范工程。“八五”期间，中盐度反渗透膜的研制方面取得了很大进展。“九五”攻关，新型聚酰胺复合膜中试放大成功，结合关键技术和设备引进，生产聚酰胺复合膜产品。

● 1994 年开始参照引进的多级闪蒸海水淡化装置，开发生产出 1 200 m^3/d 淡水的多级闪蒸中试试验装置，并于 1998 年完成安装。

● 1997 年，杭州水处理技术研究开发中心在浙江舟山嵊山镇建成当时国内最大的反渗透海水淡化站。该站产水量 500 m³/d，吨水耗电 5.5 kW•h 以下，技术经济指标具有同等容量的世界先进水平，淡化水水质符合我国饮用水卫生标准。

● 1997 年，华北电力大学研究生院与天津大港电厂，在仿制的基础上完成 1 200 m³/d MSF 海水淡化装置的研制。

● 2000 年，河北沧州化学工业股份有限公司在其新厂区建设的 18 000 m³/d 的高浓度苦咸水淡化厂开始运行，该工程作为国内最大的反渗透苦咸水淡化厂，对国内的反渗透淡化事业的发展起到了巨大的推动作用。

● 2003 年，杭州水处理技术研究开发中心在山东荣成建成“万吨级反渗透海水淡化示范工程”，该项目是当时国内首套最大的反渗透海水淡化项目。

● 2003 年，河北黄骅发电厂签约从法国 Sidem 公司引进 2×10^4 m³/d 热压缩多效蒸馏海水淡化装置，于 2006 年下半年投入运行。

● 2004 年 6 月，由国家海洋局天津海水淡化与综合利用研究所设计的 3 000 m³/d 低温多效蒸馏海水淡化工程在山东黄岛发电厂投入运行。这表明我国已初步掌握大型低温多效蒸馏海水淡化的成套技术。

● 2004 年，天津经济技术开发区从美国 WEIR 热能公司引进 1×10^4 m³/d 低温多效装置，于 2005 年底投入运行。

● 2005 年，国家发展改革委、国家海洋局和财政部联合发布了《海水利用专项规划》，规划期为“十一五”（2006－2010 年），展望到 2020 年。该规划是我国水资源综合利用战略工程的重要组成部分，也是指导我国中长期海水利用工作的纲领性文件，标志着我国海水利用工作进入一个全新的阶段。

● 2005 年，杭州水处理技术研究开发中心在广东玖龙纸业建成的 10×10^4 m³/d 反渗透亚海水淡化工程。

● 2007 年 10 月，我国设计的单机 1×10^4 m³/d 的反渗透海水淡化工程建成投产。

● 2008 年，山东省海水综合利用技术工程中心在中国海洋大学成立。

● 2008 年，杭州水处理技术研究开发中心负责整体工艺设计并提供关键成套设备，我国第一个由国内企业承建的核电站海水淡化项目－辽宁红沿河海水淡化工程建成。

● 2009 年，杭州水处理技术研究开发中心负责设计、成套、安装、调试并承担项目整体管理的舟山六横岛日产 10 万吨级反渗透海水淡化示范工程开工，单机规模达日产万吨级。

● 2009 年，众和海水淡化公司先后出口印尼 4 套 3 000 m³/d 及 2 套 4 500 m³/d 海水淡化装置，标志着我国在热法海水淡化技术及装置加工方面已具备了一定的国际竞争力。

● 2009 年 10 月，天津市大港区海洋石化园区内的新加坡凯发集团建设的新泉海水淡化工程产水量为 10×10^4 m³/d。

● 2010 年，5×10^4 m³/d 的首钢京唐钢铁厂海水淡化项目一期工程竣工投产，另一个 10×10^4

m^3/d 的阿科凌海水淡化项目（杭州水处理技术研究开发中心海水淡化 EPC 总包项目）正在加紧建设中。

二、中国海水淡化发展现状

1 海水淡化技术及产业主要进展

(1)海水淡化技术取得重大突破

经过国家科技计划及地方政府科技计划的实施，我国的海水淡化技术取得了重大突破。

在膜法海水淡化关键设备及材料方面，开发形成了一大批膜法海水淡化关键技术，通过持续改进和提高，海水淡化膜通量增加了近 40%，脱盐率也由原来的 99.2%提高到 99.7%以上，新一代功交换式或压力交换式能量回收装置的能量回收率达到 94%以上，反渗透膜压力容器达到世界先进水平，海水高压泵也取得了突破性进展，开发成功了节段式高压泵。目前，反渗透海水淡化膜、高压泵、反渗透膜压力容器在万吨级反渗透海水淡化工程示范应用中获得成功。

在海水淡化应用工程技术方面，开发成功了千吨级和万吨级海水淡化等集成技术，单机日产量达万吨以上，工程技术达国外同类规模先进水平。

在热法海水淡化技术方面，形成了一批关键设备材料技术，在引进消化吸收基础上，开发形成了万吨级低温多效海水淡化装置及其工程技术。

核能、光能、太阳能、风能等新能源海水淡化技术开发和新海水淡化技术开发，均取得了阶段性成果。

(2)海水淡化应用快速增长

“十一五”期间，我国海水淡化的市场容量持续保持两位数增长，截至 2010 年底，国内已建成海水淡化装置 70 多套，设计淡化水总产量约 56×10^4 m^3/d; 在建装置 6 套，设计淡化水总产量约 26×10^4 m^3/d。已建和在建海水淡化装置中，反渗透法约占总容量的 66%，低温多效蒸馏法约占 33%，其他海水淡化方法约占 1%。

特别是 2009 年以来，海水淡化应用发展迅速，2009 年和 2010 年两年共建成海水淡化的装机容量占历年建成总量的 50%以上，其中 2009 年建成海水淡化工程 12 个，总装机容量约 13.4×10^4 m^3/d; 2010 年建成海水淡化工程 9 个，总装机容量约 17.3×10^4 m^3/d。且大型装置剧增，两年间共建成万吨级以上的大型海水淡化工程 8 个。目前，我国海水淡化的年产水量已接近 2×10^8 m^3。

(3)海水淡化产业初具规模

经过多年的努力，特别是通过海水淡化专项规划的实施，已培育了一批膜组器、压力容器、高压泵、热泵、蒸发器和其他传热材料等关键设备和材料的生产企业，形成了一批工程设计、系统集成、工程施工及服务企业，水务投资及运行企业也在逐年增多。目前，我国海水淡化及相关产业年产值达数百亿元,海水淡化产业雏形已基本形成,并逐步发展成为我国战略性新兴产业的重要组成部分。

(4)工程投资和运行成本持续下降

20 多年来,随着科技进步,关键设备性能不断提高,工艺不断优化,反渗透海水淡化膜性能显著提高,新一代功或压力交换式能量回收装置的能量回收效率已达到94%以上,能耗大幅降低。

低温多效蒸馏装置通过采用水电联产等先进工艺,较好地利用了电厂余热或低品位热源,有效地降低了投资和运行成本。技术的不断进步,国产化率的不断提高以及应用规模的扩大,使海水淡化工程的投资和运行成本大幅度下降。综合国内已建海水淡化工程的资料,反渗透海水淡化工程吨水投资 6 000~8 000 元,综合吨水产水成本 5~6 元;蒸馏法工程吨水投资 8 000~11 000 元,综合吨水产水成本 6~8 元。

(5)法规和政策措施力度不断加大

《海水利用专项规划》发布实施 5 年来,国家出台了一批鼓励海水淡化及综合利用的政策与法规,制订了《海水淡化产业发展规划》。同时,海水淡化相关技术专利、标准和法规建设也取得重大进展,为加快海水淡化产业发展创造了良好的法制和政策环境,有力地支持了海水淡化产业发展。

2 海水淡化发展存在的主要问题[1]

我国海水淡化发展主要存在两个方面的问题:一是成本高、规模小、发展慢;二是产业发展所需要政策推动力度尚显不足。产生这些问题的主要原因有以下几个方面:

(1)对海水淡化的战略意义认识不足

由于对海水利用的重要性认识不足,影响了我国海水淡化的发展战略,必须充分认识海水利用的重要性和紧迫性,确立海水淡化为沿海缺水地区重要水源及海水淡化为水资源的重要补充和战略储备的定位认识。

首先,海水淡化是解决沿海和近海地区水资源短缺的重要措施之一。对沿海缺水地区来说,海水淡化水是淡水资源的重要补充。对海岛来说,海水淡化水可作为第一水源。在某种意义上说,如在干旱或水资源受到污染时,海水淡化水则是一种战略储备。

第二,我国海水淡化产业的发展应以海水淡化为核心,兼顾海水直接利用和综合利用。

第三,海水淡化是淡水增量并不受时空、气候限制,优势显著。因此,南水北调与海水淡化的关系应是互为补充、互相促进的关系。

(2)具有自主知识产权的关键技术较少

目前,我国海水淡化的自主创新能力较弱,具有自主知识产权的关键技术较少,对海水淡化技术的优化能力不足,造成海水淡化的建设成本较高。尽管近年来随着国内海水淡化技术的不断进步和设备国产化率逐渐增加,海水淡化工程建设成本比以往有所下降,但日产每吨淡水规模投资仍在 5 000～8 000 元。其次是吨水成本较高，目前仅计算运行吨水成本在 4～5 元。在目前的水价体制下，影响了海水淡化的推广应用。

由于我国从事海水淡化技术研发和工程应用的单位众多，但因管理体制和利益归属等未能形成人才、技术、成果、设备、仪器的共享运作机制；也难以形成统一规划、统一目标的产业研发体系，科研与生产脱节现象严重，这些已成为我国海水淡化产业发展的制约因素。

（3）设备制造及配套能力薄弱

首先，企业规模较小，制造业基础较弱。我国从事海水淡化设备制造和工程成套的企业规模较小，制造业基础薄弱，至今未形成海水淡化装备制造业企业群，在市场竞争上也不具备与国外公司抗衡的能力。

其次，关键设备制造能力不强，国产化率低。反渗透海水淡化的核心材料和关键设备，海水膜组器，能量回收装置和海水高压泵等，主要依赖从国外进口。按工程设备投资价格比，国产化率不到 50%。而蒸馏法用的耐海水腐蚀管材、蒸汽喷射装置（热泵）、传热效率等都与世界先进水平有较大差距。

（4）缺乏产业规范、规划及政策支持

目前，我国海水淡化在项目审批、用地、用电价格、税收优惠、融资等环节对海水综合利用产业的优惠政策较为缺失，涉及具体问题比如土地批租和减免税鼓励政策、淡化水的入网问题、技术标准等都尚未明确，缺乏类似自来水、公益性水利工程建设等的扶持和鼓励政策措施，使得一开始就要靠市场行为发展海水淡化发展受到很大的影响。

三、中国海水淡化发展方向[1]

1 依靠技术进步、增强创新能力

我国海水淡化近年来发展迅速，虽基本具备了产业化发展的条件，但技术水平与国外先进水平相比仍存在较大差距，致使我国已有海水淡化工程的主要装备大部分采用国外技术和产品，对海水淡化产业的发展极为不利。因此，只有全面提升创新能力，加强技术创新，提高我国海水淡化与国外的竞争力，才能在海水淡化核心技术和关键设备方面有所突破，进一步推动海水淡化产业的快速发展。

首先，既要原创技术的创新，也要加强技术集成的创新。把许多新知识、新理念、新技术通过优化设计，创造性地集成起来，提高海水淡化设备制造的国产化、成套化、系列化水平；要依据市场的现实需求和潜在需求，进行产品多元化、多规格、多品种、系列化开发，以满足不同层次、不同环境条件等方面的需求，这也是形成知名品牌和推动研发能力和市场开拓能力的重要手段。

其次，既要强调自主创新，也要注重引进－消化－再创新，走“自主创新与引进消化吸收再创新相结合”的创新之路。目前，我国在海水淡化中低档产品方面已达到了自我研发、自行制造的能力和水平，但在高端产品方面还依靠进口。因此，既不能盲目崇外，也不能不引进消化国外的先进技术和设备，要结合我国实际情况走出一条持续发展的创新之路。

总之，加强技术创新，推动膜与膜材料、关键装备等核心产品的国产化，加强研发具有自主知识产权的海水淡化新技术、新工艺、新装备和新产品，增强自主建设的大型化、集成化、规模化海水淡化工程能力，这将是未来很长一段时间内海水淡化产业发展的方向。

2　优化工艺方案、提高经济效益

发展水电联产或热膜联产工艺降低海水淡化成本。水电联产主要是指海水淡化水和电力联产联供，由于海水淡化成本在很大程度上取决于消耗电力和蒸汽的成本，水电联产可以利用电厂的蒸汽和电力为海水淡化装置提供动力，从而实现能源高效利用和降低海水淡化成本，这是当前大型海水淡化工程的主要建设模式。热膜联产主要是采用热法和膜法海水淡化相联合的方式（即 MED-RO 或 MSF-RO 方式），满足不同用水需求，降低海水淡化成本。

在项目建设中，采用膜法还是热法，或采用“膜法＋热法”等技术路线，须根据具体情况做客观科学的工艺分析和经济分析。这其中，要考虑对淡化水水质的要求、企业生产工艺及布局、需不需水电联产或综合利用等因素。通过工艺分析和经济分析，优化系统方案，以确定合理可行的工艺技术路线。

3　依据循环经济理念、发展海水淡化产业

为了保证海水淡化项目的有效和收益，还需考虑企业自身的特点和条件，合理选择海水淡化的工艺模式和产业延伸。注重资源综合利用和循环经济模式，综合考虑资源效益、环境效益和经济效益，推动与循环经济相结合的海水淡化产业发展。

海水淡化过程中，会产生大量的浓海水，将浓海水直接排入大海会造成沿海环境的破坏。因此，在海水淡化的同时，必须对浓海水进行综合利用。浓海水可直接用于晒盐，同时也可用于盐化工，作为制碱的原料或从中提取具有高附加值的钾、溴、镁等化学元素等。

4　建设产业基地、组建产业联盟

装备制造业在海水淡化产业链中处于基础性地位，其产业关联度高，产品覆盖面广，资金技术密集，社会责任重大。目前，我国海水淡化装备制造业基础尚薄弱，从事海水淡化设备制造和工程成套的企业规模较小，制约了海水淡化产业化进程。我国至今未形成具有国际竞争能力的专业化龙头企业，难以形成较强的品牌效应，在市场竞争上也不具备与国外公司抗衡的能力。因

此，建设产业基地，组建产业联盟，是推动海水淡化产业快速发展的重要举措。

一是以组建产业技术创新联盟为主线，加强以企业为主体的自主创新能力和创新体系建设，加快海水淡化核心技术和关键设备的重点突破和工程化应用。

二是以海水淡化装备制造业基础较好的企业为依托，联合技术、设备先进的相关研发、设计、制造单位共同建设装备制造基地，形成集研发、孵化、生产、成套和工程技术服务一体化的设备生产基地和技术自主创新平台，瞄准世界先进水平，加快产品更新换代，大力开拓国内外市场。

三是以建立海水淡化产业基地为重点，培育出一批颇具规模、具国际竞争力的海水淡化装备制造企业。全面提升我国海水淡化核心竞争力，推进海水淡化产业快速发展。

四是组建以装备制造基地为核心，企业为主体，市场为导向，产学研商相结合的海水淡化产业联盟。产业联盟的组织采取轻地域、重行业的原则，尽量吸收行业内实力雄厚、业绩突出的企业和科研单位参加，吸引制造能力强的大型企业参加，紧紧围绕产业技术创新的关键问题，开展有效合作，形成产业链。

5 强化试点示范、促进产业发展

我国海水淡化已具备一定的基础，现在正处于进一步发展的起步阶段。因此，在研发、制造和应用等各个方面都必须加以强化和规范，有必要在各方面加强示范试点工作。

（1）技术、装备和应用示范

根据我国海水淡化的特点和国外海水淡化先进技术装备发展的趋势，在我国海水淡化的技术研发、设备制造、工程应用等方面进行攻关和示范。发挥各方面的优势，在具体技术研发上、关键部件和设备的设计制造上、在工艺技术路线和方案选择上、在工程建设和管理上以及在工程应用运营上等，统筹规划、积极开展示范试点工作，为摸索出符合我国实际的海水淡化产业发展模式。

在条件允许的情况下，可以建设不同条件下（单独淡化、水电联产、淡化与制盐或盐化工联合等）、不同工艺路线（膜法或热法）或不同规模（海岛 $1\times10^4\ m^3/d$，沿海 $10\times10^4\ m^3/d$）的海水淡化示范工程。

在技术研发和设备制造方面还可以建立研发中心和生产制造基地，做好技术示范和设备制造示范工作，为工程示范和工程应用打下坚实的基础。

（2）工程、运营和政策试点

在工程应用、管网建设和相关政策制定方面，要认真做好试点工作。通过试点，探索优化的工艺方案、工程建设和运营模式；协调和优化管网建设的方案和合作方式；研究和制定海水淡化相关政策，包括产业政策、财税政策、金融政策等。通过试点，分析和总结好的做法和办法，为大规模发展海水淡化提供技术保障、工程保障和政策保障。

(3)积极有效地开展示范试点工作

为有效开展海水淡化示范试点工作，应做好以下两点：一是示范中应坚持“既代表先进方向，又符合国情”的原则，并强调要注意集中各方优势，实现强强联合；既考虑技术先进可行，又考虑经济合理，有助于推广应用。二是试点中要有目的、有分析、有总结，真正为大规模推广海水淡化应用铺好路。

四、国外海水淡化发展情况

1 国外海水淡化发展简史

1675 年和 1683 年英国专利提出了海水蒸馏淡化。18 世纪提出了冰冻法海水淡化。1800 年后，由于蒸汽机的出现，研制了浸没式蒸发器，以此作为海水淡化技术发展的开始。1812－1840 年开发了单效和真空多效蒸发，开始了闪蒸的研究和设计工作。1852 年英国专利垂直管海水蒸发器在舰船上使用，之后又提出水平管喷膜蒸发、蒸汽压缩等。1872 年，在智利出现了世界上第一台太阳能海水淡化装置，日产淡化水 2 m^3。1884 年，英国建成第一台船用海水淡化器，以解决远洋航运的饮水问题。1898 年，俄国巴库日产淡水 1 230 m^3 的多效蒸发海水淡化工厂投入运行。到 1900 年提出了多级闪蒸（MSF）的专利。1944 年又提出了人工冷冻法。在 1930 年提出了反渗透和电渗析的概念；1953 年，利用半透膜将淡水与盐分离的反渗透海水淡化方法问世。1954 年电渗析实用化，主要用于苦咸水脱盐。1957 年发明了多级闪蒸（MSF）。由于克服了多效蒸发中易结垢和腐蚀等问题，所以在中东等缺水地区获得快速发展，这可作为海水淡化技术大规模应用的开始。1960 年反渗透（RO）膜获得突破性进展。1961 年，提出耗能很低的水合物法。1975 年，美国 Du Pont 公司“Permsep”B-10 中空纤维反渗透器首先在海水淡化中应用；同年低温多效（LT-ME）商品化。20 世纪 80 年代中期之后，反渗透膜性能提高，价格下降，能量回收效率提高等，使 RO 成为投资最省、成本最低的海水淡化制取饮用水的技术。由于水资源的匮乏和用水量的巨大需求，核能淡化也引起世界原子能组织和各国的重视，核能与反渗透或蒸馏法结合，大规模生产饮用水正在推进之中[2]。

20 世纪 50 年代以后，随着世界水资源危机的加剧，海水淡化技术在西方发达国家得到了快速发展。1954 年，美国得克萨斯州的弗里波特（Freeport）建成了第一座现代化的海水淡化工厂，至今仍在运行。

在世界现代海水淡化方法的早期研究开发中，蒸馏法的应用最为广泛。由于反渗透法具有低能耗的显著优势，生产同等质量的淡水，能耗仅为蒸馏法的 1/40，因此从 20 世纪 70 年代以来，欧美发达国家不约而同地将海水淡化技术研究与开发方向转向了反渗透法。在已经开发出来的诸多海水淡化技术中，蒸馏法、电渗析法、反渗透法都达到了工业规模化生产的水平，并在世界各地得到广泛应用。

1983 年，沙特阿拉伯在吉达港修建了日产淡水 30×10^4 m^3 的海水淡化厂，巴林建成日产 10×10^4 m^3 的海水淡化厂，科威特也随即拥有了日产 100×10^4 m^3 以上的海水淡化处理能力。中东地区各国的人民生活用水已经基本依靠海水淡化供应，有的国家的海水淡化水甚至已占到了全国淡水供给量的 80%～90%。在海水淡化方面沙特阿拉伯雄居世界第一，阿联酋位居第二。2009 年阿联酋海水淡化水量达 840×10^4 m^3/d。目前全球海水淡化的市场年成交额已达到数十亿美元。

2　国外海水淡化应用情况

据 2010 年国际脱盐协会发布的最新数据统计，全球已运行和在建的淡化厂的产水量近 $7\,170\times10^4$ m^3/d。已经运行的淡化厂产水量为 65.2×10^6 m^3/d，如图 1-1 所示，其中海水淡化占 60%，产水量约为 39.12×10^6 m^3/d，如图 1-2 所示。

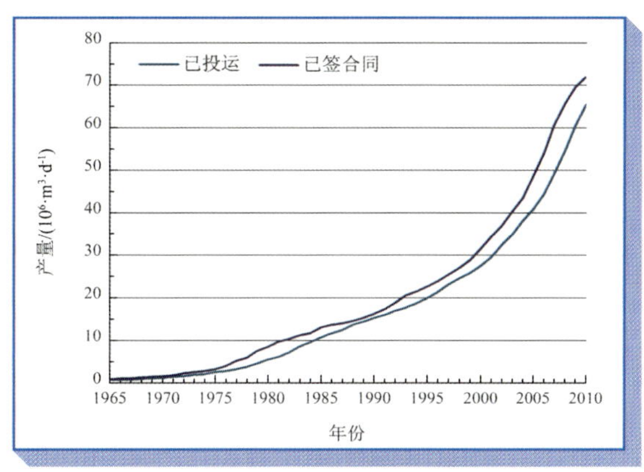

图 1-1　1965－2010 年全球淡水产量

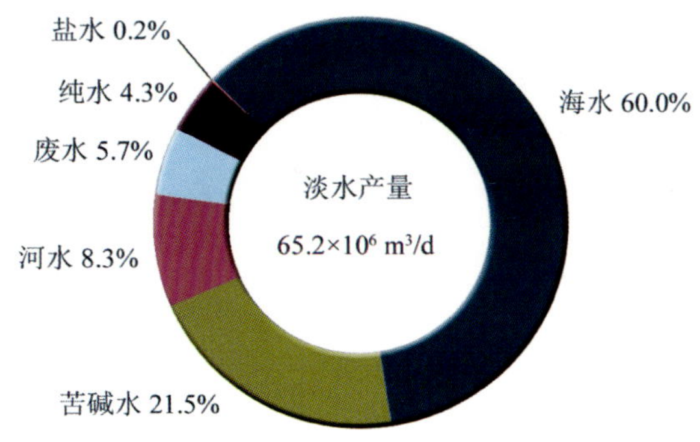

图 1-2　不同进水所占淡水产量份额

全球范围内已经建成或正在筹建的淡化厂数目众多，不同淡化技术产水量及所占份额见图 1-3～1-9，年增淡水产量列于表 1-1。世界上最大的多级闪蒸海水淡化厂是沙特阿拉伯的 Ras

表 1-1 全球淡水产量增量情况

年份	合同水产量 / (m^3•d^{-1})		投运水产量 / (m^3•d^{-1})	
	年增	累计	年增	累计
1980	869 488	8 056 543	957 333	5 076 298
1981	1 089 147	9 145 690	509 180	5 585 478
1982	752 303	9 897 993	1 090 780	6 676 258
1983	876 192	10 774 185	1 408 143	8 084 401
1984	477 732	11 251 917	1 011 681	9 096 082
1985	129 464	12 546 181	1 113 762	10 209 844
1986	726 548	13 272 729	919 817	11 129 661
1987	358 124	13 630 853	749 074	11 878 735
1988	512 894	14 143 747	1 248 277	13 127 012
1989	754 177	14 897 924	776 162	13 903 174
1990	959 881	1 5857 805	897 409	14 800 583
1991	964 848	16 822 653	619 253	15 419 836
1992	1 291 561	18 114 214	998 845	16 418 681
1993	1 941 556	20 055 770	847 382	17 266 063
1994	827 988	20 883 758	949 818	18 215 881
1995	1 094 048	21 977 806	1 022 657	19 238 538
1996	1 257 292	2 323 5097	150 1645	20 740 183
1997	1 417 272	24 652 369	1 675 832	2 2416014
1998	1 577 332	26 229 701	1 498 223	23 914 237
1999	1 768 234	27 997 935	1 157 661	25 071 898
2000	2 594 238	30 592 172	1 649 619	26 721 517
2001	2 985 598	33 577 770	1785030	28 506 546
2002	2 253 365	35 831 135	3 117 919	31 624 465
2003	3 573 058	39 404 193	2 097 849	33 722 314
2004	2 844 474	42 248 667	3 521 228	37 243 542
2005	5 004 166	47 252 833	2 570 579	39 814 121
2006	4 864 560	52 117 393	3 089 836	42 903 956
2007	7 385 838	59 503 231	4 791 260	47 695 217
2008	5 100 113	64 603 344	5 239 876	52 935 092
2009	4 083 529	68 686 873	5 738 569	58 673 661
2010	2 968 538[1)]	71 655 411[1)]	6 568 365[2)]	65 242 026[2)]

1) 仅为 6 月的增量数据;2) 包括可在 2010 年投运的增量数据。

Azzour海水淡化厂，淡水产量 76.9×10^4 m^3/d；该厂也是世界上最大的热膜耦合（MSF＋RO）海水淡化工厂，产水量为 102.5×10^4 m^3/d，其中 RO 产水量 25.6×10^4 m^3/d。世界最大的反渗透淡化厂是以色列 Soreq 的淡化厂，淡水产量 62.4×10^4 m^3/d。世界上最大的热法水电联产是沙特的 Jubail 的发电厂，采用 MED 技术，产水量 80×10^4 m^3/d，发电量 2 743 MW。世界最大的膜法水电联产是沙特 Shuquiq 的 ACWA 发电厂，采用 RO 技术，产水量 21.2 ×10^4 m^3/d，发电量 850 MW。

在海水淡化规模不断扩大的同时，海水淡化成本也逐渐降低。其中，典型的大规模反渗透海水淡化吨水成本已从 1985 年的 1.02 美元降至 2005 年的 48 美分。且在成本的组成上，运行及维护、能源消费和投资成本均逐年下降。目前，国外吨淡化水出厂价格一般为 0.6～0.9 美元。

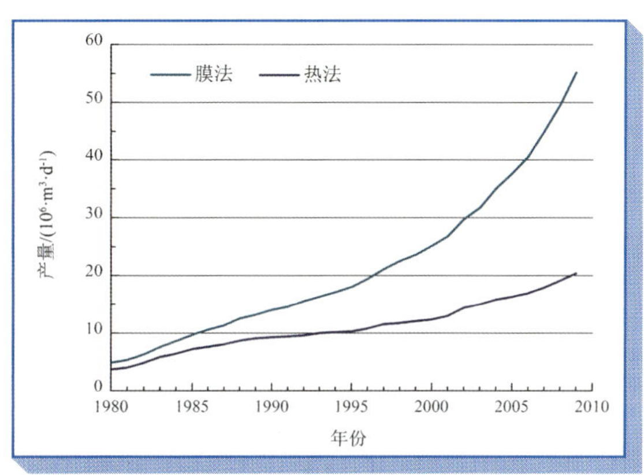

图 1-3　1980－2009 年膜法和热法淡水产量

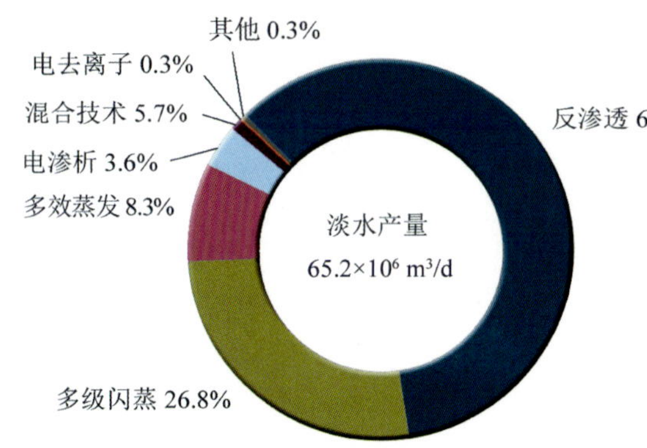

图 1-4　不同淡化技术产水量所占份额

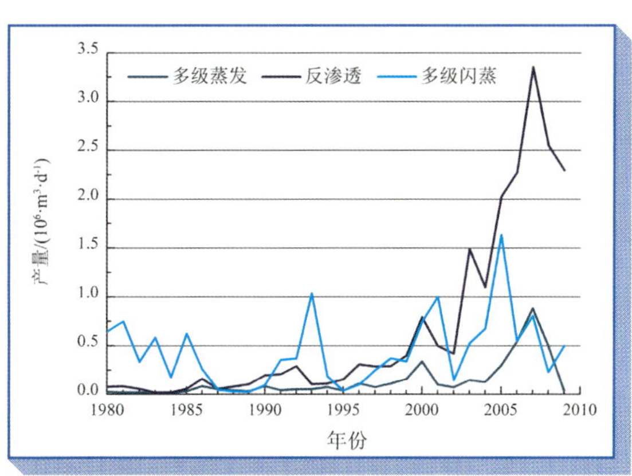

图 1-5　1980－2009 膜法、热法海水淡化年产水量

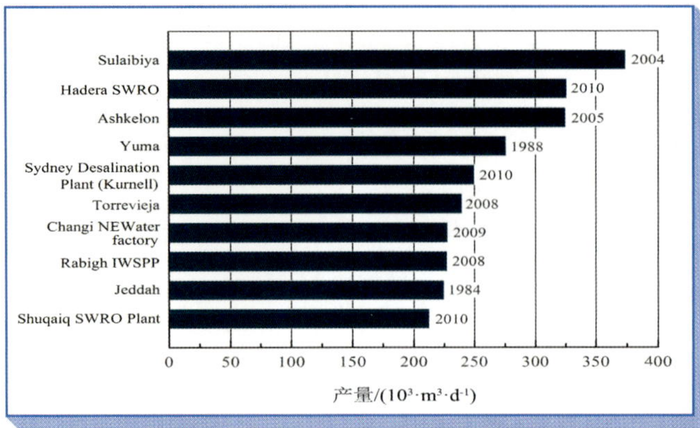

图 1-6 膜法淡水产量前 10 位工厂

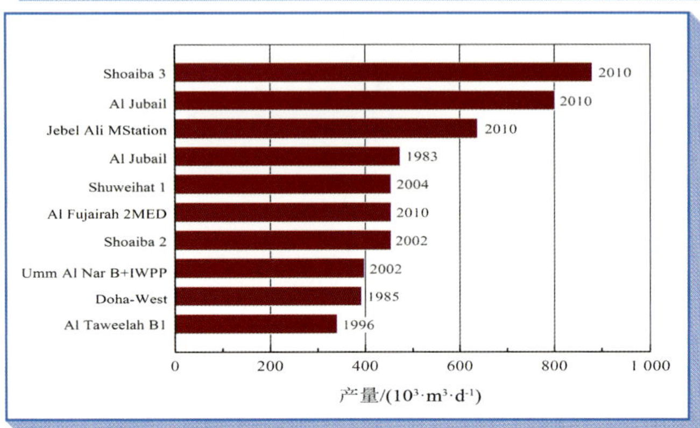

图 1-7 热法淡水产量前 10 位工厂

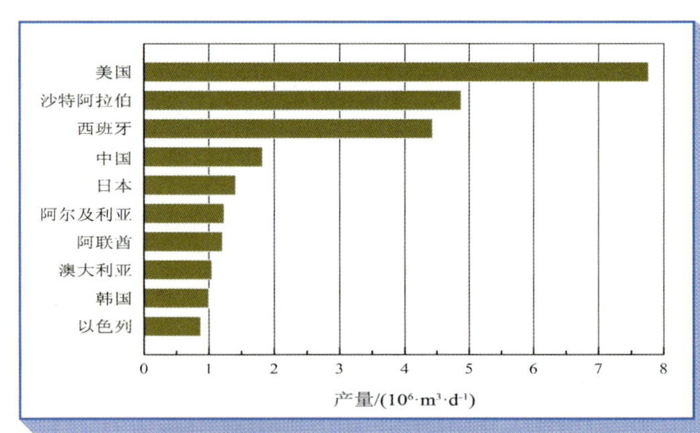

图 1-8 1945 年以来膜法淡水产量前 10 位国家

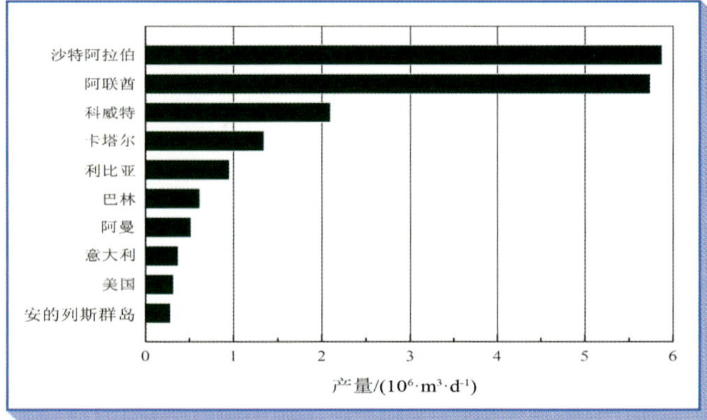

图 1-9 1945 年以来热法淡水产量前 10 位国家

第二篇

海水淡化技术工艺及设备

- 膜法海水淡化技术工艺
- 热法海水淡化技术工艺
- 其他海水淡化工艺及技术
- 海水淡化设备

一、膜法海水淡化技术工艺

1 反渗透与纳滤法[2]

我国对反渗透的研究始于1965年，纳滤的研究始于20世纪80年代末，虽然有一些膜产品，但性能比国际上仍有较大差距。

反渗透（reverse osmosis，RO）是在压力驱动下，溶剂（水）通过半透膜进入膜的低压侧，而溶液中的其他组分（如盐）被阻当在膜的高压侧并随浓缩水排出，从而达到有效的分离过程。海水淡化时，于海水一侧施加一大于海水渗透压的外压，则海水中的纯水将反向渗透至淡水中，此即反渗透海水淡化原理。如图2-1所示。

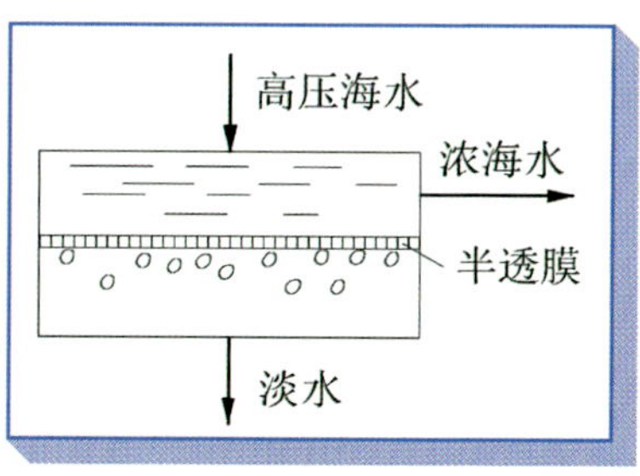

图2-1 反渗透海水淡化原理

反渗透作为一项新型的膜分离技术最早是在1953年由美国C.E.Reid教授在佛罗里达大学首先发现醋酸纤维素类具有良好的半透性为标志的。同年，反渗透研究在Reid的建议下被列入美国国家计划。与此同时，美国加利福尼亚大学的Yuster，Loeb和Sourirajan等对膜材料进行了广泛的筛选工作，采用氯酸镁水溶液为添加剂，经反复研究和试验，终于在1960年首次制成了世界上具有历史意义的高脱盐（98.6%）、高通量（10.1 MPa）下透过速度为0.3×10^{-3} cm/s，合259 L（d•m^2），膜厚约100 μm的非对称醋酸纤维反渗透半透膜，极大地促进了膜技术的发展。

从此，反渗透法开始作为经济实用的海水和苦咸水的淡化技术进入实用和装置的研制阶段。

(1)反渗透过程的特点和应用

反渗透是一高效节能技术，是将进料中的水（溶剂）和离子（或小分子）分离，从而达到纯化和浓缩的目的。该过程无相变，一般不需加热，工艺过程简便，能耗低，操作和控制容易，应用范围广泛。由于渗透压的影响，其应用的浓度范围有所限制，另外对结垢、污染、pH 和氧化剂的控制要求严格。

其主要应用领域有海水和苦咸水淡化，纯水和超纯水制备，工业用水处理，饮用水净化，医药、化工和食品等工业料液处理和浓缩，以及废水处理等。

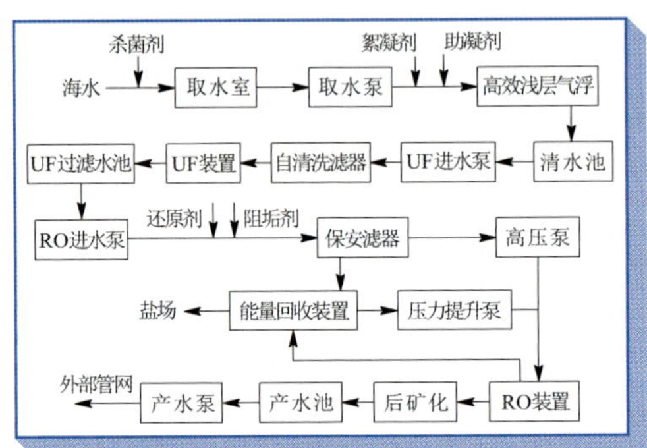

图 2-2 反渗透工艺流程

(2)纳滤过程特点和应用

纳滤（nanofiltration，NF）是介于反渗透和超滤之间的一种压力驱动膜，分离特性和反渗透膜类似，但是操作压力较反渗透要低许多，纳滤膜对带电离子的截留主要是靠静电效应，而对中性物质的截留主要是利用了膜孔本身的筛分作用。纳滤膜的研究最早可以追溯到 20 世纪 70 年代末，美国的 J.E.Cadotte 对 NS-300 膜的研究。对纳滤膜比较清晰的划分最早开始于 1984 年，Filmtec 公司在年度广告经理会议上将膜孔的尺寸在 1 nm 左右的膜称为纳滤膜。这就将纳滤膜和反渗透膜（膜孔直径小于 1 nm）和超滤膜（膜孔直径大于 2 nm）清晰的区别出来。不少纳滤膜表面带有电荷，对不同电荷和不同价态的离子有不同的 Donann 电位，纳滤膜的孔径和表面特征决定了其独特的性能。纳滤膜具有特殊的分离性能，截留分子质量范围为 200～2 000 Da 之间，由于 Donann 效应其对二价离子的截留率和反渗透相近，对单价离子的截留率较低，对相对分子质量为 200～2000 的有机物及胶体几乎可以全部脱除。

纳滤膜的孔径在纳米级内，同时其中有些膜对不同价阴离子的 Donnan 电位有较大差别，其截留分子量在数百，对不同价的阴离子有显著的截留差异，可让进料中部分或绝大部分的无机盐透过。这些特点，使纳滤在水软化，有机低分子（分子质量：200～1000）的分级浓缩，有机物的除盐净化和浓缩等方面有独特的优点和明显节能效果。

2 电渗析法

电渗析（electrodeilysis，ED）是指在直流电场的作用下，离子透过选择性离子交换膜而迁移，从而使电解质离子自溶液中部分分离出来的过程。

配用的离子交换膜是 0.5～1.0 mm 厚度的功能性膜片，按其选择透过性区分为正离子交换膜（阳膜）与负离子交换膜（阴膜）。将具有选择透过性的阳膜与阴膜交替排列，组成多个相互独立的隔室海水被淡化，而相邻隔室海水浓缩，淡水与浓缩水得以分离，从而达到海水淡化的目的。电渗析法不仅可以淡化海水，也可以作为水质处理的手段，为污水再利用作出贡献。这种方法越来越多地应用于化工、医药、食品等行业的浓缩、分离与提纯。

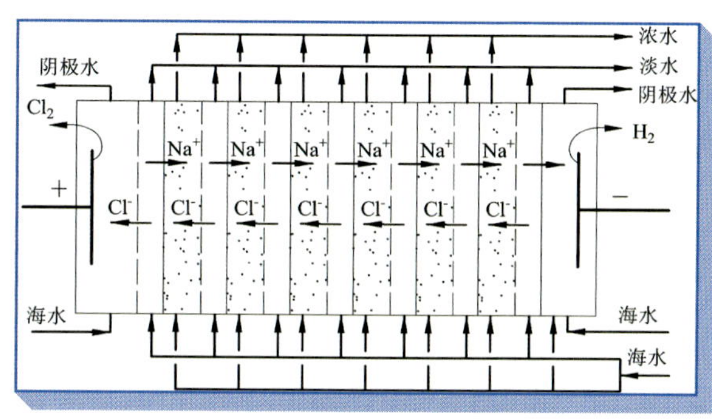

图 2-3 电渗析工艺流程

二、热法海水淡化技术工艺

热法海水淡化是最古老也是目前最广泛应用的一类海水淡化方法，主要包括多级闪蒸、低温多效、压汽蒸馏等。热法淡化海水所产生的淡水纯度高，含盐量低于 10 mg/L，能够满足各种用途的水质要求。但是热法海水淡化伴随着水的相变过程，能耗较高。不同热法海水淡化技术本质上均是一个相变传热过程，但具体工艺上还存在很大差异。

1 多级闪蒸

多级闪蒸（multi-stage flash，MSF）技术起步于 20 世纪 50 年代末，是针对最早的多效蒸发传热管结垢严重的缺点而发展起来的。该过程中原料海水先被加热，然后引入闪蒸室进行闪蒸，闪蒸室的压力控制在低于进料海水温度对应的饱和蒸汽压下，当热海水进入闪蒸室后由于过热而急速部分气化，从而使热海水温度降低，产生的蒸汽冷凝后即为淡水。多级闪蒸过程中加热面和蒸发面分开，这样使得传热面上的结垢减少，垢层的积累变慢。因此，该技术开发出来后迅速替代了传统的多效蒸馏，在中东产油国得到了广泛应用。

图 2-4 是多级闪蒸淡化工艺流程图。多级闪蒸装置主要由加热、热回收段和排热段组成。热回收和排热段在相互串联的若干闪蒸室内完成。

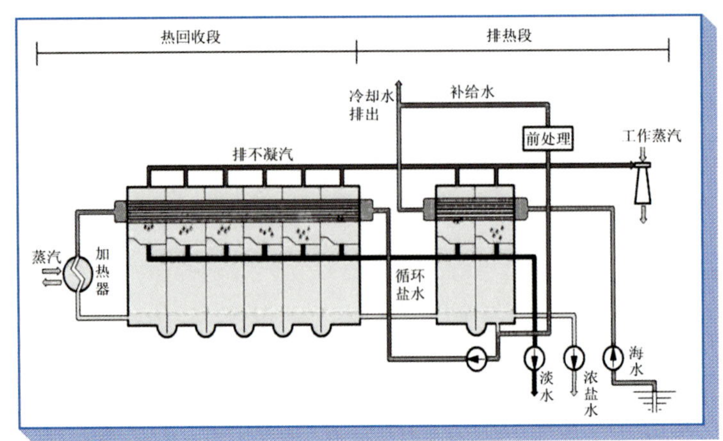

图 2-4 MSF 工艺流程

海水首先进入排热段作为冷却水，利用浓缩过程中释放出来的热来预热进料海水，同时和辅助冷凝系统的水交换热量。为了有效利用热量，减少预处理原料海水量，一般将末级部分浓盐水与经预处理的原料海水混合后，一起进入热回收段。

在热回收段，盐水依次流经闪蒸室中传热管的管程，与各室闪蒸出来的蒸汽交换热量而得到进一步的加热，同时使蒸汽冷凝下来。换句话说，蒸汽冷凝释放出来的潜热用于加热盐水。最后，从第一级闪蒸室（操作温度最高的闪蒸室）出来的盐水进入盐水加热器。在那里通过与锅炉提供的蒸汽换热，盐水的温度被提升到最高盐水温度（Top Brine Temperature，TBT）。

加热后的盐水进入热回收段的第一级闪蒸室。此时，由于盐水是过热的（其饱和蒸汽压大于该闪蒸室的压力），一部分盐水发生闪蒸，产生的蒸汽经除沫器除掉夹带的少量液滴后，与闪蒸室上方冷却管接触被冷凝成蒸馏水。上一级闪蒸室出来的盐水将进入下一级闪蒸室，在更低的压力下重复以上的过程。

多级闪蒸海水淡化工艺较适用于大型海水淡化工程，在中东地区的市场占有率很高。阿联酋 Shuwaihat 项目单机产量为 75 850 m^3/d，是目前单机规模最大的多级闪蒸海水淡化装置。对于多级闪蒸海水淡化工艺，较大的单机容量有助于降低工程的单位造价与运行成本。近年有望出现单机产量大于 90 000 m^3/d 的多级闪蒸淡化装置。

多级闪蒸技术有如下特点：（1）对原海水要求低，预处理简单。不易受海水初始浓度影响，也不易受海水中悬浮颗粒影响，简单的筛网过滤，添加酸或阻垢剂可以控制结垢沉淀。（2）不容易结垢，水垢发生在闪蒸室而不是传热管表面。（3）对设备耐腐蚀性要求较高，必须采用价格昂贵的铜合金，特种不锈钢及钛材来防止腐蚀，设备造价高。（4）操作温度高，顶端盐水温度可达

110℃。（5）电耗高，生产 1 t 淡水的动力设备电耗约为 3.5 kW•h。

多级闪蒸操作温度高，动力消耗大，因此其装置投资和能耗均较高，目前主要集中在中东能源富裕国家使用较多。虽然近年来新装机容量呈下降趋势，但其保有量大，在 20～30 年之内不会被取代。未来 MSF 技术将会朝装置的大型化、低能耗发展。

2 低温多效

多效蒸馏（multiple effect distillation，MED）是在单效蒸馏的基础上发展起来的，又叫多效蒸发，其历史可追溯到制糖业兴起时对糖液的浓缩。主要原理是将蒸馏产生的二次蒸汽作为加热蒸汽来对下一效溶液进行加热，使蒸发所耗的热能充分得到再利用，以降低能耗。

在 20 世纪 60 年代前，多效蒸馏一直是最主要的商业化海水淡化技术，用一定量的蒸汽输入，通过多次蒸发和冷凝，得到多倍于加热蒸汽量的淡水，但由于操作温度接近 100℃，碳酸钙和硫酸钙等盐类很容易沉淀，因此早期的多效蒸馏存在严重的结垢问题，而且还十分难以清洗。因此，在 20 世纪 60 年代多级闪蒸技术引入海水淡化领域后就慢慢退出海水淡化市场。直至 20 世纪 70 年代，低温多效蒸馏技术的出现，克服了早期多效蒸馏结垢问题，使多效蒸馏恢复了在海水淡化领域的主流地位。从 80 年代开始，低温多效蒸馏的市场份额逐步扩大，目前已成为极具发展前途的海水淡化技术。

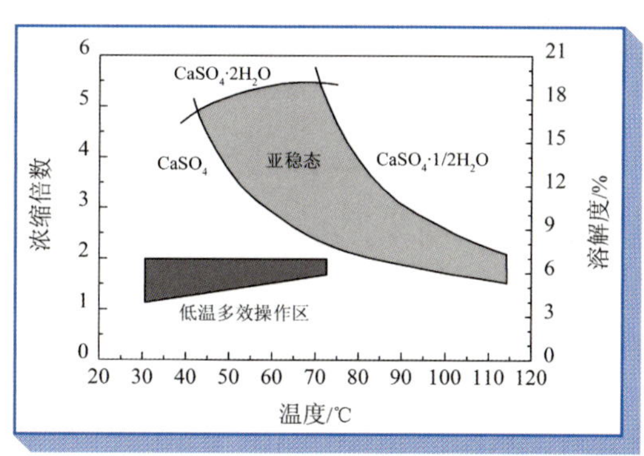

图 2-5 $CaSO_4$ 随温度的相变化

低温多效蒸馏最高蒸发温度选择低于 70℃，主要是为了抑制海水中 $CaSO_4$ 垢的析出。$CaSO_4$ 不溶于酸也不溶于碱，而且与换热面结合牢固，成垢以后很难去除。图 2-5 是 $CaSO_4$ 随温度变化的相图。从图中可以看出，$CaSO_4$ 有 3 种晶体，分别为 $CaSO_4 \cdot 2H_2O$，$CaSO_4$ 和 $CaSO_4 \cdot 0.5H_2O$。海水的浓缩倍数高于 2 时，温度超过 70℃以后，$CaSO_4$ 可以不同的形式结晶沉淀。因此，在 70℃以下进行低温多效蒸馏可以有效地避免硫酸钙类无机盐的结垢。

图 2-6 是低温多效海水淡化流程示意图，海水经冷凝器预热后，被分布在各效的传热管上，吸收管内蒸汽的潜热而蒸发，管内蒸汽被冷凝成淡水，管外蒸发得到的二次蒸汽进入下一效传热管被冷凝，而浓缩海水则被排出，后一效的蒸发温度均低于前一效，因此一定量的蒸汽输入通

过多次蒸发和冷凝,得到多倍于输入蒸汽量的蒸馏水。在低温多效蒸馏装置中通常配备有蒸汽喷射泵(Thermal Vapor Compressor,TVC),其主要作用是利用一定量的高压蒸汽引射某一效低压蒸汽,得到的混合蒸汽作为第一效的输入蒸汽,以此提高装置的造水比。

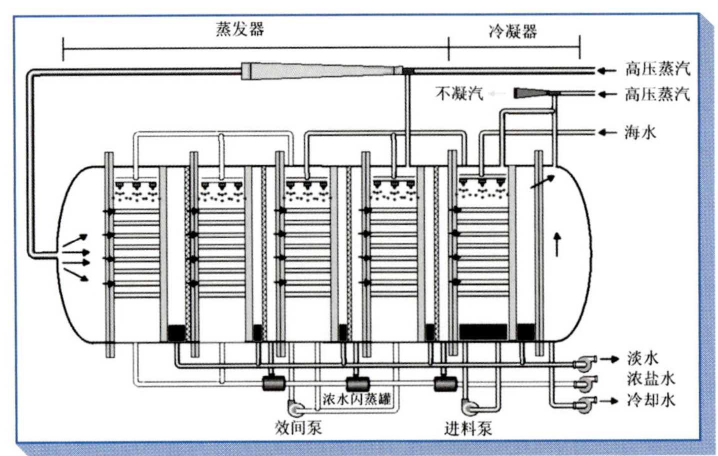

图 2-6 MED 工艺流程

低温多效蒸馏可以用水平管,也可以是垂直管,蒸汽的冷凝和海水的蒸发分别在传热表面的两侧。低温多效装置中蒸发器效数的选择受进料海水温度、效间温差和最高蒸发温度的限制,通常设计为 5～16 效,这可以保证系统有较高的造水比(每吨生蒸汽可生产的产品水吨数)。低温多效过程操作温度较低,一定程度上减缓了设备的腐蚀及结垢问题,而且也使得使用廉价传热材料成为可能,同样的投资规模下可以安排更多的传热面积,以此提高系统的经济性。

低温多效蒸馏海水淡化技术主要特点如下:(1)传热过程是沸腾和冷凝换热,是双侧相变过程,因此传热系数很高,对于相同的温度范围,多效蒸馏所用的传热面积要比多级闪蒸少。(2)进料海水预处理简单。海水进入低温多效装置前只需经过筛网过滤和加入少量阻垢剂即可,而多级闪蒸必须进行加酸脱气,反渗透对预处理的要求更高。(3)操作弹性较大,负荷范围从 110%到 40%,皆可正常操作。(4)通常与蒸汽热压缩装置结合,将中间某一效的低品位蒸汽压缩后重新输入第一效蒸发器,可提高装置造水比。(5)操作温度低,蒸发顶端温度为 70℃,可避免或减缓设备的腐蚀和结垢,对材料要求较低。(6)系统的热效率高,30 余摄氏度的温差即可安排 12 以上的传热效数,从而达到较高的造水比。(7)系统的操作安全可靠,在低温多效系统中,发生的是管内蒸汽冷凝而管外液膜蒸发,即使传热管发生了腐蚀穿孔而泄漏,由于汽侧压力大于液膜侧压力,也是淡水漏入浓水中,一般只影响产水量而不影响水质。(8)产品水水质好,含盐量一般不超过 5 mg/L,反渗透淡化装置要达到相同的水质至少需要两级反渗透。

低温多效蒸馏技术由于其自身的特点,近年来发展迅速。未来低温多效淡化的发展趋势可以概括为以下几点:(1)装置的大型化,装置的大型化包括两个层面:其一是单机规模的大型化,其二是淡化厂生产规模的大型化。大型化可以节约公共事业投资成本,减低造水成本,但是大型化也存在最优规模区间，需要根据实际情况综合考虑。截至 2010 年，已建成 MED 单机最大为 3.8×10^4 m³/d（阿联酋，Fujairah），最大 MED 淡化厂是沙特的 Marafiq，产水量 80×10^4 m³/d。（2）开发新型低成本传热材料。得到传热性能好、抗腐蚀和阻垢性能优良的材料，进一步减低投资成本，提高系统经济性。（3）与电厂耦合共建，利用电厂废热进行淡化，得到的产品水补充电厂锅炉用水和工厂公共事业用水。水电联产是今后滨海电厂发展的一个方向。（4）将低温多效海水淡化技术与工厂（钢铁厂、化工厂等耗能企业）余热和水资源再生结合，利用工厂余热造水或对废水进行回收，提高工厂能源的利用效率。

3 压汽蒸馏

压汽蒸馏，是将蒸发产生的二次蒸汽经机械压缩机压缩，提高温度后，再返回蒸发器中作为加热蒸汽的蒸馏淡化方法，化工中也称热泵蒸发。压汽蒸馏海水淡化中蒸汽可循环利用，因此，其正常工作时不需要外界提供加热蒸汽。

图 2-7 所示为水平管低温机械压汽蒸馏流程示意图。进料海水经预处理后进入换热器，与排放出的温度较高的浓盐水和产品水进行热量交换，随后与部分循环的浓盐水混合并喷淋到水平传热管表面，在吸收传热管内蒸汽冷凝释放的潜热后发生蒸发，产生的蒸汽通过捕沫器除去夹带的海水液滴后，进入压缩机压缩以获得较高的温度和压力，随后进入传热管的内部冷凝，同时放出潜热供管外液体蒸发。如此构成了二次蒸汽的不断循环和潜热交换。

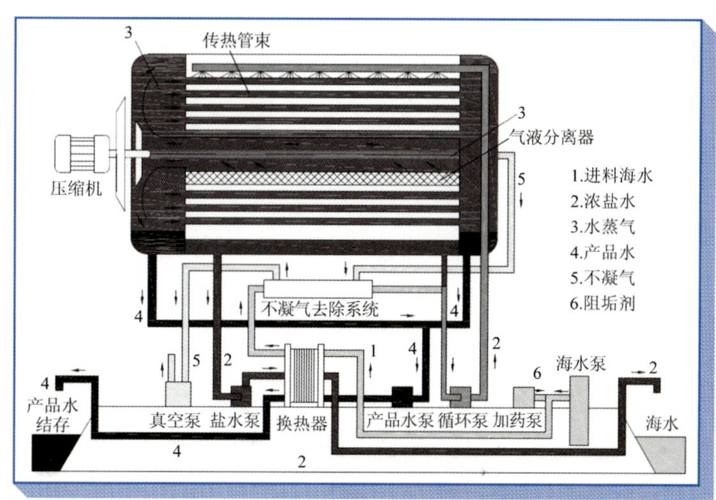

图 2-7 MVC 工艺流程

就单独某一效蒸发器来说，压汽蒸馏与低温多效蒸馏非常类似，蒸汽在传热管内冷凝，海水在传热管外蒸发。二者的区别在于：压汽蒸馏对生成的二次蒸汽进行机械压缩再利用；而低温多效蒸馏中二次蒸汽则直接进入温度更低的下一效蒸发器传热管内被冷凝为淡水（或通过蒸汽热压缩提高温度、压力后再利用）。

机械压汽蒸馏流程简单，蒸汽利用效率高，且不需要冷却水，在 20 世纪 70 年代刚推出时，被认为是一种非常有前途的淡化技术。但是机械压汽蒸馏电能消耗较高，进入21世纪，随着反渗透海水淡化成本的不断下降，其与反渗透海水淡化相比，已没有优势。因此，目前海水淡化领域中压汽蒸馏技术已较少采用。由于压汽蒸馏技术对进水水质要求较低，可用于处理水质复杂且污染严重的工业废水，其未来的应用将主要集中在对工业废水的处理方面。

4 露点蒸发

露点蒸发淡化技术是一种新的海水淡化方法。它基于载气增湿和去湿的原理，同时回收冷凝去湿的热量，传热效率受混合气侧的传热控制。露点蒸发淡化技术是以空气为载体，通过用海水对其增湿和去湿来制得淡水，并通过热传递将去湿过程与增湿过程耦合，使冷凝潜热直接传递到蒸发室，为蒸发盐水提供汽化潜热，以提高过程的热效率。

受露点蒸发技术特点所限，其产水规模较小，目前还处于研究阶段。图2-8所示为Bassem M. Hamieh于2006年搭建的一台小型露点蒸发淡化设备，表面积5.6 m^2，产水量1.8 kg/h。

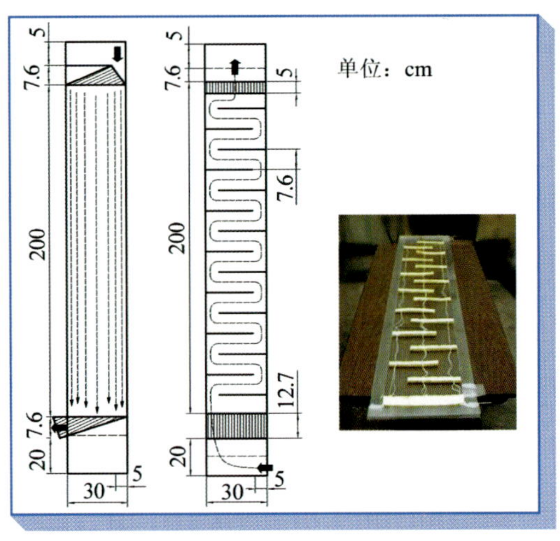

图2-8 露点淡化设备尺寸及过程照片

三、其他海水淡化技术工艺[2]

1 水合物法

水合物法脱盐过程（hydrate desalting process）使低碳烃在一定条件下与海水中的水成水合物，再从这种水合物中获取淡水的过程，如图2-9所示。

2 电容吸附法脱盐

利用所谓的静电力进行脱盐的原理如图2-10中所示。连接在金属、石墨等集电极上的一

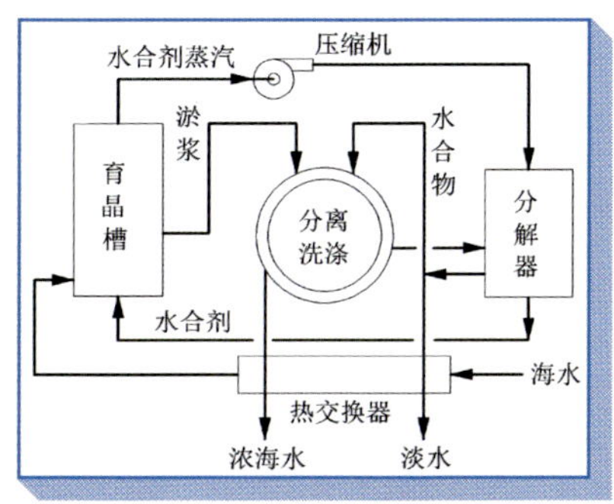

图 2-9　水合物法脱盐过程

对活性炭电极，在外加直流电压让含有离子的原水流过其间时，通过静电力分别把液体中的正、负离子成分吸向正、负极（充电）。在吸附达到饱和状态的适当的时刻，让两极短路或者反过程接触（放电）时，吸附的离子成分便发生脱附。这样，通过反复地进行充电、放电的周期性操作，脱盐装置入口（原水）的离子浓度是固定不变的，而出口浓度却呈周期性变化的状态。把出口的流路按照通电的状态进行相应的切换时，便能交替地得到除去了离子的淡化液体与从电极表面上回收的离子成分的浓缩液。

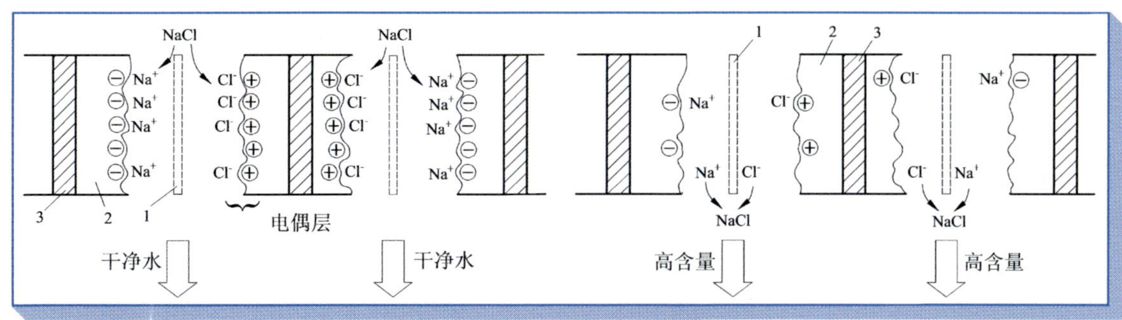

图 2-10　电容吸附脱盐原理

3　嵌镶离子交换膜压渗析

嵌镶膜是用阳离子高聚物电解质同阴离子高聚物电解质互相交错、组合而成的膜，因其构型如同嵌镶的图案，故称为嵌镶膜。嵌镶膜是压渗析设备的主要部件。倘若用盐水通过嵌镶膜，

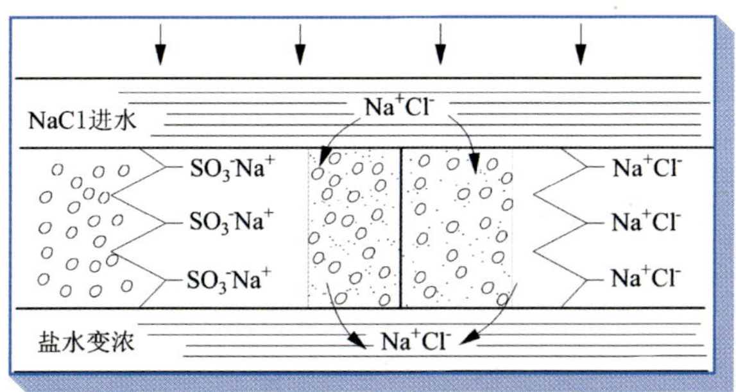

图 2-11　嵌镶离子交换膜压渗析原理

如图 2-11 所示，盐水中的 Na^+ 与 Cl^- 离子就如同下阶梯一样，分别通过各自的通道迁到膜的下界面层，并立即电中和，再经扩散离开膜面，结果在膜的下游流出浓水，膜上侧变成淡水。

4 溶剂萃取法

溶剂萃取法用于海水淡化有两条途径，一是利用萃取剂除去海水中的盐而得淡水。鉴于海水组成的复杂性，至今还不能应用少数几种溶剂，很简便地达到这一目的，二是用萃取剂萃取出海水中的水，再使溶剂与水分离而得淡水，如图 2-12 所示。这是目前实际采用的方法。

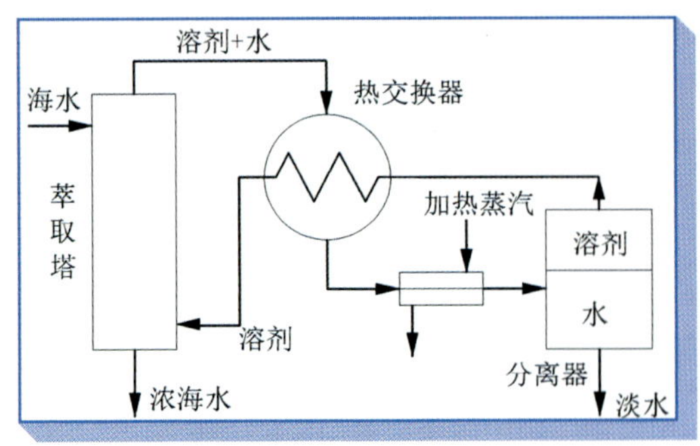

图 2-12 溶剂萃取法海水淡化原理

5 海水淡化方法的组合

海水淡化方法的组合可有 3 种形式：一是方法本身的组合及方法之间的组合，二是发电与淡化组合，三是发电－深化－综合利用的组合。组合的目的是为了充分发挥各方法的特长及充分合理利用能量，从而提调高产量、降低成本获取综合效益。

（1）方法本身的组合及方法间的组合

方法本身的组合如多段多级的反渗透或电渗析，以达到提高回收率或提高产水质量为目的。

方法间的组合有热法和膜法的组合；多级闪蒸与多效蒸发的组合；多组闪蒸与蒸汽压缩的组合；纳滤、反渗透与多级闪蒸的组合；反渗透与电渗析的组合等，以提高热、电的利用率，降低成本。例如热膜耦合。热膜耦合的具体方式是在一个淡化厂中，同时使用膜技术和蒸馏淡化技术，目前热膜耦合的主要方式有以下两种。

① 预热海水

直接利用蒸馏淡化的冷却水排水作为反渗透系统进水，或是设置换热器利用蒸馏淡化的温排水（浓盐水、产品水）预热反渗透系统进水，提高反渗透系统的进水温度。尤其是在海水温度低于 15℃时，对于反渗透系统的运行尤为有效。

②纳滤预处理

将纳滤作为海水淡化工程的预处理技术，降低海水中的钙镁离子等成垢成分，提高后续的反渗透或蒸馏海水淡化装置的产水效率。

热膜耦合是当今世界海水淡化发展的技术趋势，其优势主要体现在以下几方面：

a.减少海水取用量；b.利用蒸馏淡化水硼含量低的优点，降低淡化厂产水的硼含量；c.利用纳滤预处理，提高系统回收率；d.减少浓盐水的排放，更有利于浓盐水的综合利用。

（2）发电与淡化组合

这包括发电与多级闪蒸、多效蒸发、反渗透或电渗析的组合，以合理利用余热和剩余电力，达到能量合理利用。例如电水联产。电水联产是指发电与海水淡化一体设计联合运行的系统。通过将海水淡化厂与发电厂共建联产，利用电厂的未上网电价和发过电的低压蒸汽生产优质淡化水，是海水淡化在全球的常用做法，也是降低海水淡化成本的有效途径。

热法海水淡化的成本在很大程度上取决于消耗的电力和蒸汽的成本，电水联产可以利用电厂的蒸汽和电力为海水淡化装置提供动力，而且淡化装置生产的淡水还可用于电厂补水，降低海水淡化成本，实现能源高效利用和系统经济性能的优化提升。国外大部分大型海水淡化厂都是和发电厂建在一起的，这是当前大型海水淡化工程的主要建设模式。

电水联产的优势包括：可以与电厂的海水冷却水取水工程统筹建设，节省取水工程的建设费用；可以与电厂的冷却水排水工程共享排水口，在节省投资的前提下减少分开排放对海洋的污染；由于提高了进水温度而降低反渗透海水淡化的电耗。

（3）发电—淡化—综合利用相结合

发电与淡化的组合，所排浓盐水比海水浓 1.7～2 倍用于制盐和综合利用可进一步降低制盐和淡水的成本。

6　海水淡化的能源利用

（1）核能

随着核电站的日益增加，就提出了其余热的利用问题。早期，只是核电站的工艺需要，安装了小规模的海水淡化厂，以便给核反应堆的冷却系统供应淡水，大部分的余热直接排放到大海。

核能淡化是指以核能为能源的海水淡化方法和工艺过程。电能或者热能都可用于淡化过程，可以只专用于淡水的生产，也可以是发电和淡水联产。

核能淡化可以连接核反应堆和淡化装置成单一用途的淡化厂只生产淡水，也可以结合成联产的核电站产淡水和发电。其具体工艺的选择取决于海水或苦咸水的水质、产品水水质要求和工艺的经济性。经实践检验的可靠的大规模商用海水淡化过程有多级闪蒸、多效蒸馏等蒸馏法的淡化工艺和反渗透膜技术工艺。压气蒸馏装置利用热法和蒸汽的机械压缩工艺，其应用仅限在小型和中型规模的淡化装置。这些工艺都有其固有的优点和缺点。

（2）太阳能

太阳能进行海水淡化，主要是利用太阳能进行蒸馏，早期的太阳能海水淡化装置一般为太阳能蒸馏器。由于它结构简单、取材方便，至今仍被广泛采用。目前对盘式太阳能蒸馏器的研究主要集中于材料的选取、各种热性能的改善以及将它与各类太阳能集热器配合使用上。与传统动力源和热源相比，太阳能具有安全、环保等优点，将太阳能采集与脱盐工艺两个系统结合是一种可持续发展的海水淡化技术，太阳能海水淡化技术已逐渐受到人们的重视。

(3)风能

风能海水淡化分为直接风能海水淡化和间接风能海水淡化。直接风能海水淡化就是直接将风力的机械能用于海水淡化，也就是将风力涡轮的旋转动能直接驱动 RO 单元或 MVC 单元等。间接风能海水淡化就是利用风能发电产生的电能来驱动后续的脱盐单元，目前主要的风能海水淡化途径。

(4)潮汐能

潮汐能海水淡化是指利用潮汐发电产生的电能进行海水淡化。

综上所述，太阳能、风能、波浪能等在海水淡化中的应用短期内还难以与常规能源淡化相提并论，但其由于具有分散灵活、维护简单等特点，在特定环境的中小规模淡化中将大有用武之地。

四、海水淡化设备

1 膜法

反渗透海水淡化装置核心部件主要由膜组器件、高压泵、增压泵、能量回收和过滤器组成。高压泵和增压泵为膜堆提供所需要的渗透压；膜组器件对原水进行膜分离；能力回收提高系统能量利用效率，降低整体运行能耗；过滤器对原水进行预处理和保安，确保进水水质。淡水经过处理后可以用于市政供水、工业用水、锅炉给水和医药用水等；浓缩海水被送往盐场或是氯碱工业进料。

(1)膜组器件

膜组器件主要由压力容器、膜元件和端面板等组成。膜元件由超薄分离层、支持层和无纺布组成。进水经过高压泵连续升压后，进入膜组器件，在膜元件表面进水被分为低浓度的产水和高浓度的浓缩液。反渗透膜的结构形式主要有 4 种：平板式、管式、卷式（见图 2-13）和中空纤维式（见图 2-14）。板式和管式由于效果和效益较差等原因，仅用于小批量的浓缩分离等方面。而卷式和中空纤维式是反渗透水处理中的主要结构形式。

(2)能量回收装置

通常我国反渗透海水淡化工程的操作压力约在 5.0～6.0 MPa 之间，从膜组器中排放的浓海水压力仍高达 4.8～5.8 MPa。如果按照通常 40%的水回收率计算，浓海水中约有 60%的进料压力能量，具有巨大的回收价值和意义。

能量回收装置的作用就是把反渗透系统高压浓海水的压力能量回收再利用，从而降低反渗

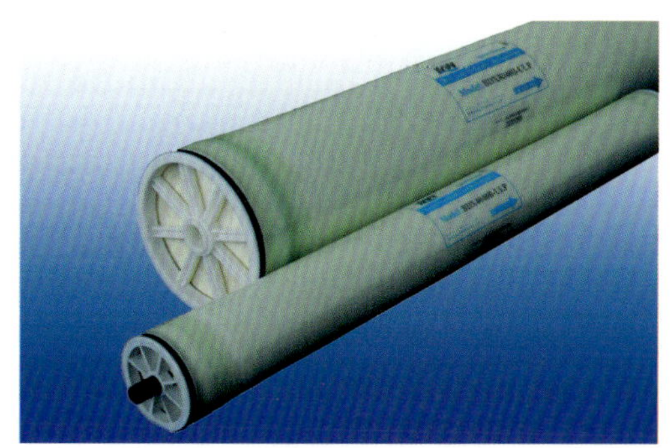

图 2-13　卷式反渗透组件

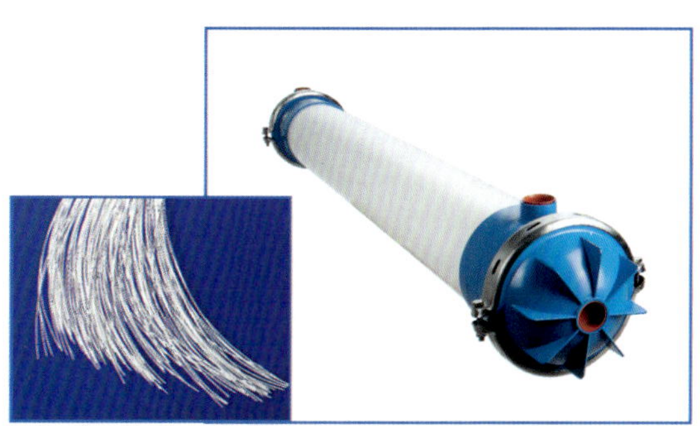

图 2-14　中空纤维式反渗透组件

透海水淡化的制水能耗和制水成本。按照工作原理，能量回收装置主要分为水力涡轮式和功交换式（见图 2-15～2-16）两大类。

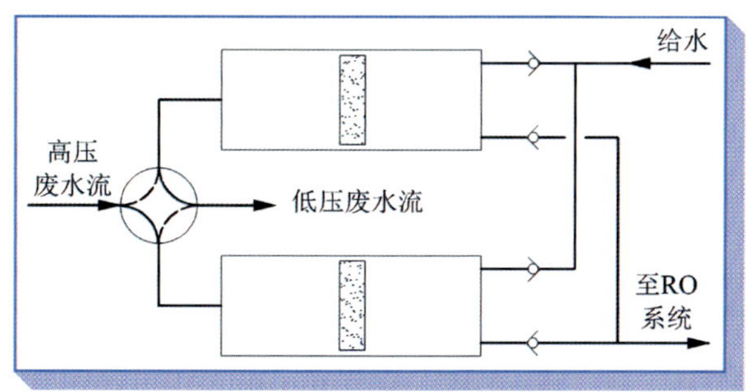

图 2-15　等压交换式能量回收

在机械能水力涡轮式能量回收装置中，能量的转换过程为“压力能－机械能（轴功）－压力能”，其能量回收效率 40%～70%。功交换式能量回收装置，只需经过“压力能－压力能”一步转化过程，其能量回收效率高达 94%以上，已成为国内外研究和推广的重点。

目前，国外功交换式能量回收产品主要有美国 ERI 公司的 PX（Pressure Exchanger）压力交换器、瑞士 CALDER AG 公司的 DWEER（Work Exchange Energy Recovery）功能交换器、挪威阿科凌的 Recuperator 能量回收塔。

国内功交换式能量回收产品主要有杭州水处理技术研究开发中心的差压交换式能量回收

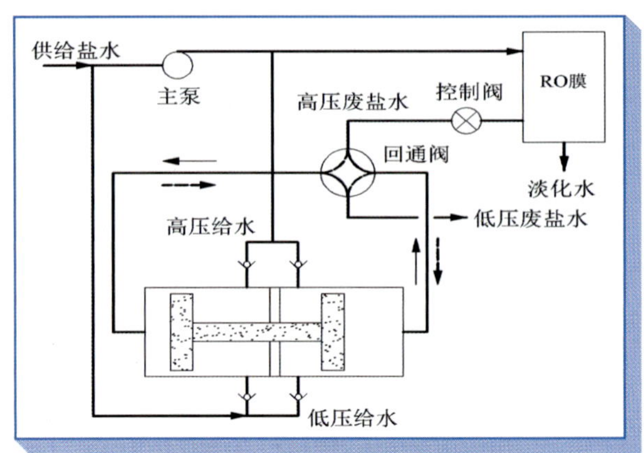

图 2-16 差压交换式能量回收

装置（ER-CY）和等压交换式能量回收装置（ER-DY）。ER-CY 的单套规格从 100 L/d 到 50 m^3/d，回收率在 95%±3%之间，可以多套并联使用。ER-DY 的单套规格从 500～5 000 m^3/d，回收率在 94%±3%之间，可以多套并联使用。

（3）高压泵

高压泵是反渗透过程中的关键部件，其选择对反渗透系统极其重要，其性能好坏直接影响系统运行稳定性和和经济性。选择时须考虑其可靠性、投资费、机械效率等，还要考虑对环境的影响（噪声）。目前海水淡化系统中使用的高压泵主要有往复泵和多级离心泵。

往复泵为正位移泵，扬程高、效率高（达 80%以上），主要应用于高扬程和小流量的场合，如实验室和小型海水淡化装置等场合下的应用。现今往复泵最大出水量大约为 227 t/h 范围，超过这个流量的须选用多级离心泵。大容量的往复泵，其机械效率可高达 90%～94%，对于电价较高的海区，选用往复泵是经济的。往复泵除了效率比离心泵之外，还有一个优点，即出水量比较恒定，不像离心泵，出水流量随压力增大而降低。但往复泵出水压力有脉冲，不像离心泵那样稳定。此外往复泵的噪声较大。为了稳定往复泵的压力和流量，在往复泵的进水口或排水管路上必须安装缓冲器（或称稳压器）。目前国产的有宝鸡水泵厂产品，进口的有 Union Pump 等。

多级离心泵的原理：电机带动轴上的叶轮高速旋转，充满在叶轮内的液体在离心力的作用下，从叶轮中心沿着叶片间的流道甩向叶轮的四周，由于液体受到叶片的作用，使压力和速度同时增加，经过导壳的流道而被引向次一级的叶轮，逐次地流过所有的叶轮和导壳，进一步使液体的压力能量增加，将每个叶轮逐级叠加之后，就获得一定扬程。

多级离心泵结构简单、安装方便、体积小、重量轻、易操作维修，流量连续均匀，且可用阀方便地对流量进行调节，效率在 50%～70%。目前绝大多数大型海水淡化反渗透系统均采用多级离心泵。

（4）过滤器

过滤的目的是除去海水中的悬浮物、胶体等。常见的海水淡化过滤设备有：机械过滤器、自清洗滤器和保安滤器。

机械过滤器是海水淡化前预处理、水净化系统的重要组成部分。材质有钢制衬胶，根据过滤介质的不同分为天然石英砂过滤器、多介质过滤器、活性炭过滤器等，根据进水方式可分为单流式过滤器、双流式过滤器，根据实际情况可联合使用也可以单独使用。过滤速度为 8～10 m/h；工作压力≤0.6 MPa；反洗强度为 12～18（ $L/m^2\cdot s$ ）；原水浊度≤10 NTU、出水浊度≤1 NTU。根据不同的水源，可添加石英砂、活性炭、纤维材料等滤料。

自清洗过滤器是一种利用滤网直接拦截水中的杂质，去除水体悬浮物、颗粒物，降低浊度，净化水质，减少系统污垢、菌藻、锈蚀等产生，以净化水质及保护系统其他设备正常工作的精密设备。自清洗过滤器主要组件有：电机、电控箱、控制管路、主管组件、滤芯组件、框架组件、传动轴、进出口连接法兰等。自清洗过滤器克服传统过滤产品的纳污量小、易受污物堵塞、过滤部分需拆卸清洗且无法监控过滤器状态等众多缺点，具有对原水进行过滤并自动对滤芯进行清洗排污的功能。自清洗过滤器清洗排污时系统不间断供水，可以监控过滤器的工作状态，自动化程度很高，覆盖了由 10～3 000 μm 的各种过滤精度的需求。

保安滤器其含义是防止上一道过滤工序有泄漏，同时确保下道工序的进水要求，通常设置在砂滤器之后，反渗透之前的位置。反渗透前设置 5 μm 孔径滤芯的保安滤器，以除去水中微量的悬浮杂质。滤芯有聚丙烯、尼龙和聚四氟乙烯等多种材料，孔径规格从 0.1～70 μm。大型海水淡化采用大流量滤芯，高流量意味着更少的占地面积和设备投资。滤芯表面折皱设计，进一步增加过滤面积，降低通量，减少设备运行压力降。卧式壳体设计使检修和更换滤芯更加方便。

2　热法

热法海水淡化主体装备包括蒸发器和冷凝器，两者结构相似，而且均为非定型产品，需根据装置规模，工艺参数而定。通用关键设备主要包括：水泵、仪表、蒸汽喷射泵、汽液分离器、喷嘴等；而关键材料则包括：传热材料、管路材料、药剂材料等。

（1）水泵

热法海水淡化装置海水、淡水及浓水的流动均需要水泵驱动，水泵的动力消耗是热法淡化过程主要电耗。按输送介质的不同，热法海水淡化所需泵主要包括：进料海水泵、淡水泵、浓海水泵、凝结水以及加药泵等。在水泵的选型过程中，除了需要满足流量、扬程、效率、汽蚀余量等参数要求外，还要根据不同类型水泵所处的腐蚀环境差异性，针对各自的使用环境进行选材。

（2）仪表

检测控制仪表是监控海水淡化装置运行状态，保证产品水量、水质的基础。热法海水淡化装置的共性特点表现为：操作条件比较恶劣，海水的腐蚀性强，杂质含量大，同时还受季节、气候、环境污染物的影响。随着海水淡化装置的规模日益扩大、生产过程的关联度越来越复杂，对仪表在测量、控制、可靠等方面的要求越来越高。仪器仪表安装的区域性越来越广，控制仪表数据传输的可靠性亟待提高。大型、超大型热法海水淡化装置强腐蚀性，高真空度、大管径等方面的特点,对于仪表的安装和选型等方面的要求越来越严格。

海水淡化工程自动化过程参数检测仪表,可以分为两大类:一是各种水质(或特性)参数检测仪表,主要包括:浊度检测仪表、悬浮物/污泥浓度检测仪表、pH值检测仪表、余氯检测仪表等;二是海水淡化系统过程参数检测仪表,主要包括:温度检测仪表、压力检测仪表、流量检测仪表、液位检测仪表等。选用海水淡化系统仪表时,除了考虑性能、用途和适应性等因素以外,还需特别注意海水及海边环境的腐蚀性。

(3)蒸汽喷射泵

蒸汽喷射泵是目前主流低温多效海水淡化装置中必不可少的关键部件,对于保持装置运行稳定、提高系统造水比、降低系统能耗、提高经济效益都有着重要的意义。其作用原理是通过高压蒸汽引射低压蒸汽,实现相同输入工作蒸气流量下,循环蒸气量的最大化,从而达到提高造水比的目的。

蒸汽喷射器虽然结构非常简单,但其内部流体的流动过程却非常复杂,特别是用于低温多效海水淡化系统的大膨胀比,大压缩比的蒸汽喷射器,整个流场中存在亚音速、跨音速、超音速乃至高超音速等流动,流动中存在非常复杂的波系结构,工作流体和引射流体之间的混合过程是一个高超音速下的剪切混合过程,其混合机理至今尚未得到圆满解释。开发引射系数高、调节范围广的蒸汽喷射泵是今后发展的重点方向。

(4)汽液分离器

热法海水淡化过程中,随着蒸汽的产生和流动,不可避免地伴随着海水的流动和沸腾,会有部分海水小液滴随着蒸汽一起流动。如果不对蒸汽中的液滴进行去除,就会影响淡化产品水水质。

为了保证淡化水水质,无论是MSF还是MED中均设置有汽液分离器用于去除蒸汽夹带的小液滴。目前应用较广的热法海水淡化汽液分离器主要分为:叶片式和丝网式两种。在工程设计中需要根据具体的水质情况、装置内部蒸汽流动情况以及蒸发器结构等因素综合考虑,进行汽液分离器的形式、规格、材质等的优选设计。

(5)喷嘴

对于低温多效海水淡化装置来说,海水经布液系统喷淋到传热管表面进行蒸发,喷嘴是布液系统中的关键部件。

热法海水淡化工程,由于进料海水一般没有经过精密的预处理,因此选用喷嘴应充分考虑到喷嘴内部结构对流道通畅性的影响,同时喷嘴的喷淋角要尽可能大,这样可以保证相同布液面积下尽可能少的喷嘴个数,节约成本。同时为了使传热管的液膜分布均匀,通常要求喷淋装置中各个喷头的流量和压力保持相同。此外,热法海水淡化工程中海水的腐蚀性和湿热环境对喷嘴材质也有一定的要求,通常有不锈钢、黄铜、耐温塑料等材质。

第三篇

海水淡化工程及应用

- 海水淡化项目与工程应用
- 中国海水淡化重大工程
- 国外海水淡化应用

一、海水淡化项目与工程应用[3]

经过50多年的科技攻关和工程实践，我国从第一座海水淡化工程1981年西沙200 m^3/d 电渗析海水淡化示范工程起，海水淡化应用已有了长足的发展，在为缓解我国沿海地区水资源严重短缺的同时，也为我国海水淡化技术和产业发展奠定了基础。

1 国内已建海水淡化项目

初步统计，截至2010年底，我国已建成投产的海水淡化装置总数为76套，总产水能力为55.77万 m^3/d。在已建成投产的76套海水淡化装置中，山东省占21套，合计产水能力为 5.96×10^4 m^3/d；浙江省占23套，合计产水能力为 6.37×10^4 m^3/d；辽宁省占14套，合计产水能力为 7.1×10^4 m^3/d；河北省占6套，合计产水能力为 10.48×10^4 m^3/d；天津市占5套，合计产水能力为 21.7×10^4 m^3/d；广东省占3套，合计产水能力为 3.02×10^4 m^3/d；其他沿海省市占4套，合计产水能力为 1.14×10^4 m^3/d。详见表3-1。

表3-1 已建成的海水淡化主要项目

承建时间	项目名称	规模/($m^3 \cdot d^{-1}$)	承建单位
1981	西沙日产200 t电渗析海水淡化装置	200	杭州水处理技术研究开发中心
1990	天津大港电厂海水淡化装置	3 000	美国ENVIROGENICS公司
1990	大亚湾电厂RO海水淡化装置	200	广州新世纪水处理公司
1997	嵊山500 t/d海水淡化示范工程	1 000(扩建后)	杭州水处理技术研究开发中心
1999	宝钢马迹山海水淡化工程	350	美国UAT公司/杭州水处理技术研究开发中心
2000	嵊泗1 000 t/d海水淡化示范工程	1 000	杭州水处理技术研究开发中心
2000	长岛1 000 t/d海水淡化示范工程	1 000	杭州水处理技术研究开发中心
2000	长岛县小钦岛海水淡化装置	500	德国Prominent公司
2001	华能威海电厂海水淡化工程	2 000	半岛水处理有限公司

表 3-1 已建成的海水淡化主要项目（续）

承建时间	项目名称	规模 / ($m^3 \cdot d^{-1}$)	承建单位
2001	长海县海水淡化工程 II 期	1 000	绿源环境工程有限公司
2001	华能大连电厂海水淡化工程	2 000	半岛水处理有限公司
2002	嵊泗县本岛海水淡化工程 II 期	600	德国 Prominent 公司
2002	长岛县小钦岛海水淡化装置	75	杭州水处理技术研究开发中心
2002	长岛县北隍城海水淡化装置	75	杭州水处理技术研究开发中心
2002	烟台市崆峒岛海水淡化工程	500	美国 H&W 国际贸易公司
2002	长海县獐子岛海水淡化工程	500	德国 Prominent 公司
2003	荣成万吨级反渗透海水淡化示范工程	5 000	杭州水处理技术研究开发中心
2003	黄岛电厂海水淡化装置	60	天津海水淡化与综合利用研究所
2003	大连市棉花岛海水淡化工程	100	杭州水处理技术研究开发中心
2003	大连石化海水淡化工程	5 500	美国 CNC 公司
2003	天津市塘沽区海水淡化试验工程	1 000	天津海水淡化与综合利用研究所
2004	嵊泗县本岛海水淡化工程III期	1 000	杭州水处理技术研究开发中心
2004	黄岛电厂低温多效海水淡化示范工程	3 000	天津海水淡化与综合利用研究所
2004	大连港专用矿石码头海水淡化工程	1 200	德国 Prominent 公司
2005	嵊泗县本岛海水淡化工程 IV 期 I	2 000	杭州水处理技术研究开发中心
2005	岱山本岛海水淡化工程 I 期	2 000	杭州水处理技术研究开发中心
2005	虾峙岛海水淡化工程 I 期	300	杭州水处理技术研究开发中心
2005	大洋山海水淡化工程 I 期	1 000	杭州水处理技术研究开发中心
2005	驼矶岛海水淡化工程	200	美国 H&W 国际贸易公司
2005	刘公岛海水淡化工程	500	德国 Prominent 公司
2005	田横镇海水淡化工程	480	德国 Prominent 公司
2005	黄骅电厂海水淡化工程 I 期	20 000	法国 SIDEM 公司
2005	大唐王滩电厂海水淡化工程	10 000	美国 OMEX 公司
2006	嵊泗县本岛海水淡化工程 IV 期 II	2 000	杭州水处理技术研究开发中心
2006	华能玉环电厂海水淡化工程	34 560	美国 CNC 公司
2006	长岛县本岛海水淡化工程	300	美国 H&W 国际贸易公司
2006	黄岛电厂反渗透海水淡化工程	3 000	天津海水淡化与综合利用研究所
2006	大连市三山岛海水淡化装置	144	德国 Prominent 公司
2006	烟台打捞局船用海水淡化装置	3 500	浙江欧美环境工程有限公司
2006	山东青岛电厂海水淡化工程 I	3 500	法国 Weir 公司 / 泰达新水源

表 3-1　已建成的海水淡化主要项目（续）

承建时间	项目名称	规模 /（$m^3 \cdot d^{-1}$）	承建单位
2006	天津市泰达海水淡化工程	10 000	珠海江河海公司
2007	浙江乐清电厂海水淡化工程	21 600	北京赛恩斯特水技术有限公司
2007	大连松木岛石化工业园区 I 期	20 000	北京赛恩斯特水技术有限公司
2007	黄岛电厂反渗透海水淡化工程	10 000	凯发新泉建设工程(上海)有限公司
2007	岱山本岛海水淡化工程 II 期	3 000	杭州水处理技术研究开发中心
2007	大洋山海水淡化工程 II 期	1 000	杭州水处理技术研究开发中心
2007	国电大连庄河电厂海水淡化装置	14 400	北京朗新明环保科技有限公司
2007	华能营口电厂海水淡化装置（II 期）	10 000	新加坡 HYFLUX 公司
2007	大连石化低温多效海水淡化装置	500	大连理工大学
2008	首钢京唐海水淡化工程	25 000	法国 SIDEM 公司 / 西门子公司
2008	黄骅电厂海水淡化工程 II 期	12 500	国华电力工程公司，上海电气
2008	岱山县长涂岛海水淡化工程 I 期	5 000	杭州水处理技术研究开发中心
2008	山东青岛电厂海水淡化工程 II	3 500	浙江欧美环境工程有限公司
2008	中海油钻井平台用海水淡化装置（6 套）	360	珠海江河海公司
2008	鸡山岛海水淡化工程（蚂蚁岛搬迁）	10 000	杭州水处理技术研究开发中心 / 浙江联池水务
2009	青岛碱业海水淡化工程 I 期	10 000	法国威立雅水务集团
2009	衢山岛海水淡化工程 I 期	2 500	杭州水处理技术研究开发中心
2009	秀山岛海水淡化工程	3 000	杭州水处理技术研究开发中心
2009	枸杞岛海水淡化工程	1 000	杭州水处理技术研究开发中心
2009	虾峙岛海水淡化工程 II 期	300	杭州水处理技术研究开发中心
2009	东极岛海水淡化工程 I 期	150	杭州水处理技术研究开发中心
2009	洞头县大瞿岛海水淡化装置	50	杭州水处理技术研究开发中心
2009	华能威海电厂海水淡化工程	8 000	南京中电联
2009	华电莱州电厂海水淡化工程	8 000	浙江欧美环境工程有限公司
2009	营口市鞍钢鲅鱼圈钢铁新区	120	
2009	天津大港新泉海水淡化装置	100 000	新加坡 HYFLUX 公司
2010	天津北疆电厂海水淡化工程 I 期	100 000	以色列 IDE 公司
2010	六横岛海水淡化工程 I 期 I	10 000	杭州水处理技术研究开发中心
2010	红沿河核电海水淡化工程	15 000	凯迪 / 杭州水处理技术开发中心
2010	西沙永兴岛海水淡化装置	300	普罗名特（大连）有限公司

表 3-1 已建成的海水淡化主要项目(续)

承建时间	项目名称	规模/(m³•d⁻¹)	承建单位
2010	衢山岛海水淡化工程 II 期	2 500	杭州水处理技术研究开发中心
2010	嵊泗县本岛海水淡化工程 V 期	4 000	杭州水处理技术研究开发中心
2010	广东惠来电厂海水淡化工程	12 000	新加坡 HYFLUX 公司
2010	广东惠州平海电厂海水淡化工程	18 000	新加坡 HYFLUX 公司
2010	宁德核电厂海水淡化工程	10 800	浙江欧美环境工程有限公司
2010	三亚东锣岛海水淡化装置	120	珠海江河海公司

2 2010 年在建海水淡化项目

我国 2010 年在建的主要海水淡化项目见表 3-2。

表 3-2 2010 年在建的主要海水淡化项目

项目名称	规模/(m³•d⁻¹)	承建单位
青岛市海水淡化工程	100 000	西班牙 BEFESA(贝菲萨)公司
曹妃甸工业区海水淡化工程	50 000	杭州水处理技术研究开发中心
北疆电厂海水淡化工程 II 期	100 000	以色列 IDE
六横岛海水淡化工程 I 期 II	10 000	杭州水处理技术研究开发中心
中油华电能源海水淡化装置	1 000	杭州水处理技术研究开发中心
西沙永兴岛海水淡化装置	100	天津海水淡化与综合利用研究所

3 海水淡化工程的技术工艺

从海水淡化所采用的方法看,反渗透和低温多效蒸馏是海水淡化工程中应用最多的方法。反渗透法以 38×10^4 m³/d 的产水量,排在第一位,约占总产水能力的 68.1%;低温多效蒸馏法以 17.1×10^4 m³/d 的产水量,排在第二,约占总产水能力的 30.6%;多级闪蒸蒸馏法 0.6×10^4 m³/d 的产水量,排在第三,约占总产水能力的 1%。从已建成投产的装置数看,反渗透法有 66 套,约占 85.7%,而低温多效蒸馏法仅有 7 套,约占 9%;多级闪蒸蒸馏法有 1 套,约占 1.3%,其他海水淡化方法 2 套,约占 2.6%。海水淡化方法所占产水量和装置数比例的差异是由于装置规模造成的,每套低温多效蒸馏装置的平均产水量为 24 428 m³/d,而每套反渗透装置的平均产水量仅为 5 938 m³/d。

在国内已建成投产的海水淡化装置中,反渗透法和低温多效蒸馏法合计占总产水量的 98.8%,其他方法加起来仅占总产水量的 1.2%。其中,多级闪蒸蒸馏法约占 1%,而电渗析法和压汽蒸馏加起来也不足 0.2%。

4 海水淡化工程的应用领域

反渗透海水淡化技术应用于市政供水具有较大优势,几乎所有用于市政供水的海水淡化系统均采用了反渗透技术。然而，对于要求提供锅炉补给水和工艺纯水，且有低品位蒸汽或余热可利用的电力、石化等企业，低温多效蒸馏技术仍具有一定的竞争性。

截至 2010 年已建成投产的 76 套海水淡化装置中，36 套用于市政供水，占总装置数的 47%，34 套用于工业用水，占总装置数的 45%；其他 6 套，占总装置数的 8%。从产水量看，用于市政供水的合计产水量为 14.9×10⁴ m³/d，占总产水量的 26.7%，平均每套装置产水为 4 139 m³/d；用于工业用水的合计产水量为 40.7×10⁴ m³/d，占总产水量的 73%，平均每套装置产水为 1.2 万 m³/d；其他合计产水量为 1 794 m³/d，占总产水量的 0.3%，平均每套装置产水为 299 m³/d。在 76 套装置中，浙江省的嵊泗县是目前建成海水淡化装置最多的海岛县，先后建设了 11 套海水淡化装置，合计产水能力 1.560 0 ×10⁴ m³/d，海水淡化供水能力已占当地总供水能力的 70%以上。另外，电力行业是应用海水淡化技术最多的行业，已建成投产的海水淡化装置 21 套，合计产水能力 30.172 0×10⁴ m³/d，占已建成投产海水淡化装置总产水量的 54%。

未来 5～10 年，我国海水淡化总量可达 200×10⁴ ～300×10⁴ m³。

5 海水淡化投资与运行成本

（1）成本比较

以某 10×10⁴ m³/d 低温多效蒸馏海水淡化工程预算为例，按总成本分析，构成如图 3-1 所示。以取用淡水方式的成本作比较，见表 3-3。按投资用途分析，工程的投资构成如图 3-2 所示；按投资

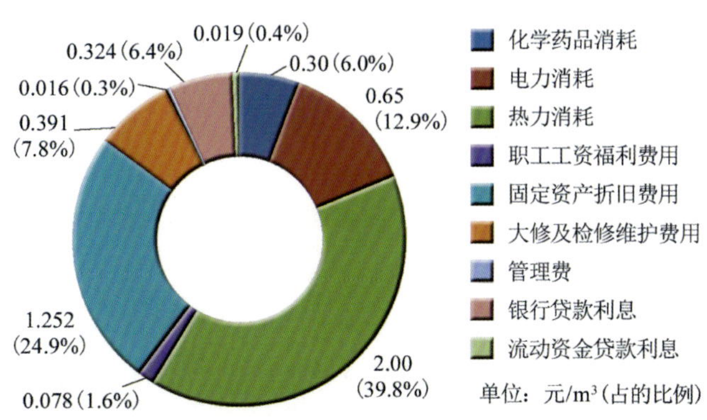

图 3-1　MED 海水淡化工程总成本构成

表 3-3　取用淡水方式的成本比较

取水方式	平均成本	水质情况
开采地下水	已限制开采	再处理后使用
远程调水	引滦入津：2.3 元 /m³（直接成本） 南水北调：5～20 元 /m³（到北京的直接平均成本）	再处理后使用
电厂或工业锅炉用水再处理后	9 元 /m³ 以上（普通水质再处理成本）	直接使用
海水淡化	海水：5～6 元 /m³（综合成本） 苦咸水：2～4 元 /m³（综合成本）	直接使用

类别分析，投资构成如图 3-3 所示。海水淡化投资与运行成本见表 3-4，电价以 0.60 元 /kW•h 计。

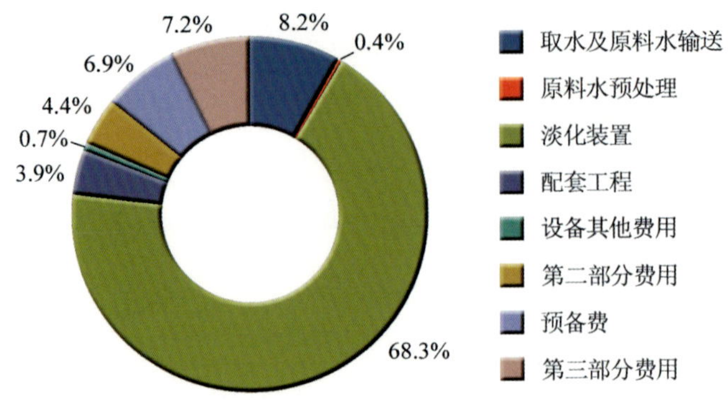

图 3-2 MED 海水淡化工程不同用途的投资构成

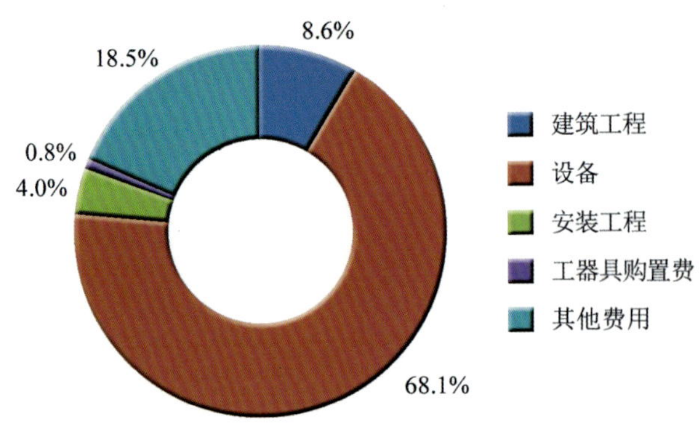

图 3-3 MED 海水淡化工程不同类别的投资构成

表 3-4 海水反渗透投资与运行费用分析

供水规模 /（m^3•d^{-1}）	供应人数	投资（万元）			运行费用 /（元•m^{-3}）				
		设备	土建及其他	合计	电	药剂	人工	膜更换及修理	合计
200	1700	150	90	240	2.4	0.4	0.36	0.45	3.61
300	2 500	210	130	340	2.4	0.4	0.24	0.45	3.49
400	3 400	230	150	380	2.4	0.4	0.18	0.45	3.43
500	4 200	290	180	470	2.4	0.4	0.15	0.45	3.40
1 000	8 400	450	300	750	2.3	0.4	0.15	0.45	3.30
5 000	42 000	2 000	1 400	3 400	2.1	0.4	0.09	0.45	3.04
10 000	84 000	3 800	2 600	6 400	1.8	0.4	0.06	0.45	2.71

（2）影响海水淡化成本的基本因素

①能源费用的影响

目前，在海水淡化处理过程中，最先进技术所需能量占总成本的30%～40%，也就是说，膜法海水淡化的产水成本大部分花费在电力，其次是药剂费和膜更换费用。对于低温多效蒸馏和多级闪蒸海水淡化，影响成本最大的因素是蒸汽费用，其次是电力费用。

②经济体制的影响

我国城镇供水上长期实行国家补助政策，现有的自来水价格是在计划经济体制下形成的，而我国海水淡化产业起步即走市场化的发展道路。由于实行水价双轨制，淡化海水的成本尽管下降很多，但还要比自来水水价高得多。

二、中国海水淡化重大工程

1　膜法

（1）反渗透海水淡化工程实例[4]

例1 荣成万吨级反渗透海水淡化示范工程。

国家发展计划委员会于2001年10月27日批复将山东石岛水产供销集团公司万吨级反渗透海水淡化产业化示范工和项目列入国家高技术产业发展项目计划。项目由山东省计委主持，山东石岛水产供销集团公司承担建设，国家海洋局杭州水处理技术开发中心为项目的依托单位。建设地点在荣成市石岛城区，建设期为2年。

主要技术经济指标为，系统产水量10 000 m³/d（25℃）；单机产水量5 000 m³/d（25 ℃）；耗电量小于5.5 kW•h/m³；水回收率35%～40%；出水水质达到GB5749-85标准，TS<500 mg/L。

万吨级反渗透海水淡化示范工程工艺设备由两个产水量为5 000 m³/d淡化水的独立机组组成。流程如图3-4所示，分为海水取水、海水预处理、反渗透海水淡化、产品水后处理和系统控制5个部分。

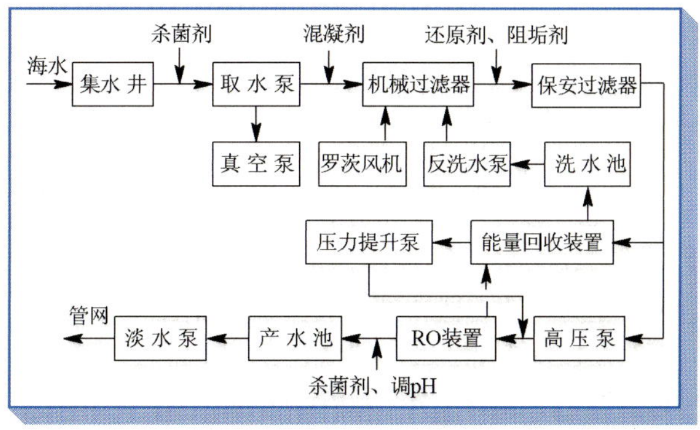

图3-4　荣成万吨级反渗透海水淡化示范工程工艺流程

反渗透海水淡化系统采用多组件并联单级式流程，为了提高系统运行的可靠性和机动性，首期 5 000 m³/d 海水淡化系统实行整体设计、按单机配置。在工艺配置上分为二个系列，即整个系统既可按单机运行，产淡水 5 000 m³/d，又可按单系列运行产淡水 2 500 m³/d。

膜元件为美国陶氏公司生产的高性能反渗透海水淡化复合膜元件 SW30IR-380，其平均脱盐率为 99.6%。整套装置共配置了 420 支海水膜元件，分别装在 60 根并联布置的膜压力管内，每根压力管内串联排列 7 支 SW30HR-380 海水膜元件。

装置设有低压自动冲洗排放、淡化水低压自动冲洗置换浓水排放系统。为防止反渗透海水淡化装置停机时，浓差渗透反压对海水膜元件的影响，在反渗透装置淡化水出口处安装了容积为 10 m³ 的空塔滤器。停机时，滤器中的淡化水部分倒流，以补充膜件浓差渗透失水，防止膜装置受损伤。

第一期万吨级反渗透海水淡化示范工程运行结果，5 000 m³/d 海水淡化系统于 2003 年 11 月初调试成功，投入试运行。造水费用为 4.60 元 /m³。每吨淡化水费用中投资成本占 25.4%，电费成本占 52.2%，两项合计占造水费用的 77.6%。

表 3-5 荣成反渗透海水淡化示范工程运行参数指标

项 目	实测	合同或国家标准	项 目	实测	合同或国家标准
海水温度 /℃	14	25	产水盐质量浓度（mg•L⁻¹）	89.67	＜500
产品水 pH	7.2		脱盐率 /%	99.7	
产水体积流量 /（m³•h⁻¹）	220	208.3	制水能耗 /（kW•h/m⁻³）	3.31	
浓水体积流量 /（m³•h⁻¹）	318		送水能耗 /（kW•h/m⁻³）	0.23	
回收率 /%	40.9	35～40	总能耗 /（kW•h/m⁻³）	3.54	5.5
海水盐质量浓度 /（mg•L⁻¹）	32 649				

例 2 六横万吨级反渗透海水淡化示范工程

浙江省舟山市普陀区六横镇是舟山群岛的第三大岛，是典型的资源型缺水岛屿，现有水资源总量仅 5 100×10⁴ m³，人均淡水资源占有量约 740 m³。年可供淡水量约 1 000 万 m³，按淡水需求量估算，目前已缺淡水量 803×10⁴ m³，到 2020 年缺淡水量 2 300×10⁴ m³，供水已远不能满足六横岛经济发展和居民生活用水需求，淡水资源紧缺已成为制约六横经济和社会发展的瓶颈。为解决淡水资源严重短缺，六横规划 10 万吨级海水淡化工程项目，首期建设项目规模为日产 2×10⁴ t 的海水淡化项目。

六横万吨级反渗透海水淡化示范工程项目由舟山市普陀区六横水务公司投资建设，是国家发展改革委海水淡化重点示范项目一期工程，也是国家科技支撑计划项目 10 万吨级膜法海水淡化国产化关键技术开发与工程示范的一期工程。2008 年 5 月杭州水处理技术开发中心有限公司完成项目初步设计。在国家部委和省、市各级政府大力支持下，舟山市普陀区六横水务公司在六横台门大葛藤山南麓自2008年9月奠基开工。项目总面积56 610 m²，其中一期2×10^4 m³/d海水淡化工程项目占地面积12 654 m²。

①工艺设计及设备配置

万吨级反渗透海水淡化工程的工艺流程如图3-5所示，分为海水取水、海水一级预处理、海水二级预处理、反渗透海水淡化、产品水后处理和系统控制5个部分。

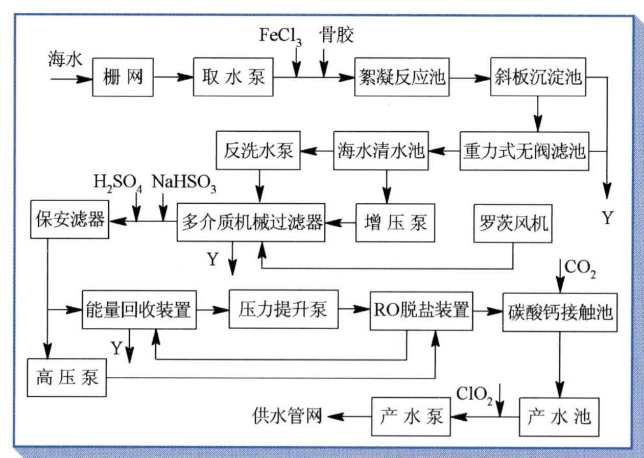

图3-5 六横万吨级反渗透海水淡化工艺流程

②海水一级预处理

按2 315 m³/h海水处理水量，设计2套，每套海水一级预处理水量为1 157 m³/h，产水量为1 097 m³/h，产水浊度≤1 NTU。混凝剂为三氯化铁，助凝剂为骨胶。

③海水二级预处理

海水二级预处理工艺包括海水增压，机械过滤，加药系统和精密过滤。

采用投加硫酸来改变反渗透装置前的进水pH，能使反渗透浓海水中的stitf&Davis指数小于0。

④反渗透海水淡化系统

10 000 m³/d反渗透海水淡化设计分成二套反渗透海水淡化装置，每套装置产水量为5 000 m³/d。

按地表海水含盐量为32 000 mg/L，进水水温为15℃，反渗透海水淡化系统回收率为40%，采用陶氏公司生产的SW30HRLE-400膜元件784支和7芯8英寸国产压力膜壳，一级一段工艺流程设计。采用国内首创的压力容器接口形式，使配水合理，接管紧凑方便。

⑤后处理系统

在反渗透产水中投加CO_2，CO_2通过混合器与产水充分混合，经过碳酸钙滤池，调节反渗透产水的碱度和硬度，适度提高pH至7.5左右，使处理后的产水不会对输水管造成腐蚀。产水输送中投加二氧化氯杀菌剂，以保持管网供水卫生要求。

⑥控制系统

为满足海水淡化系统安全、长期、稳定运行的需要，采用目前最先进的集散控制系统，系统设一台工程师站预装 WINCC 监控软件、西门子 300 系列 PLC 下位一个控制主站、多个下位控制分站。依据海水淡化的工艺过程，控制系统对各个工艺单元进行协调、管理、控制。

⑦工程运行效果

10 万吨级反渗透海水淡化示范工程第一期，10 000 m³/d 海水淡化系统，于 2009 年 11 月调试成功，2010 年 1 月投入试运行。系统设备运行正常、稳定。产水水质达到 GB5749《生活饮用水卫生标准》要求，具体数据见表 3-6。

表 3-6 六横反渗透海水淡化示范工程运行参数指标

项 目	实测	合同或国家标准	结果	项 目	实测	合同或国家标准	结果
海水温度 /℃	15	15		海水盐质量浓度 /（$mg \cdot L^{-1}$）	28 900		
产品水 pH	7.1			产水盐质量浓度 /（$mg \cdot L^{-1}$）	90.39	<500	优于
产水体积流量 /（$m^3 \cdot h^{-1}$）	420	417	超过	脱盐率 /%	99.69		
浓水体积流量 /（$m^3 \cdot h^{-1}$）	560			总能耗 /（$kW \cdot h \cdot m^{-3}$）	2.7	5.5	
回收率 /%	42.9	40	超过				

⑧成本与效益分析

万吨级反渗透海水淡化工程生产成本见表 3-7。

表 3-7 六横反渗透海水淡化示范工程生产成本估算

项 目	支出金额 /（万元•a^{-1}）	产水费用 /（元•m^{-3}）	项 目	支出金额 /（万元•a^{-1}）	产水费用 /（元•m^{-3}）
电费	729.3	2.210	维修费	34.49	0.105
药剂费	90.09	0.273	工资及福利费	50.0	0.152
膜与材料费	184.97	0.561	其他费用	25.0	0.076
			合计		3.377

每吨淡化水费用中电费成本占 65.4%，膜与材料费占 16.6%，其他管理费用约占 18%。因此要降低造水费用，关键是降低能耗，从技术层面上，目前六横示范工程运行吨水电耗约为 2.7 kW•h，吨水电耗已在国内外处于先进水平，降低能耗需要在节能技术上新的突破。

六横项目国产化率已达到 70%以上，目前工程投资费用已是 10 年前的 50%，能耗下降 60%，反渗透海水淡化技术商业化应用前景越来越广阔。

例 3 大鱼山岛光伏太阳能海水淡化示范工程[5]。

一套 5 m³/d 光伏太阳能海水淡化示范工程，在我国舟山市岱山县大鱼山岛建成。其工艺流程由光伏发电系统、海水预处理、反渗透处理和系统控制四大部分构成。

工程主体装置采用光伏太阳能系统供电，太阳能光伏陈列布置在海水淡化厂房楼顶，利用“光伏效应”将太阳光辐射能转化为直流电能，再通过逆变器将直流电能转换成交流电能，用来供给海水淡化设备所需电能。工程取水点位于大鱼山岛南海岸的灰鳖洋海域，海水的浑浊度 80～150 NTU，经混凝沉淀处理后浑浊度下降低到 5～10 NTU，再经电抑菌海水箱灭菌处理，出水经海水增压泵增压（约 0.32 MPa）后泵入多介质过滤器进一步过滤处理，使其浑浊度降低到 1 NTU 以下，污染指数小于 5。经过预处理的海水通过保安滤器后由海水高压泵进一步升压到 1.5～1.8 MPa，再经能量回收装置增压至海水淡化额定操作压力（4.5～5.5 MPa）后进入反渗透膜组器，透过反渗透膜的淡化水（约 30%）收集后从膜堆引出，再经 pH 调质处理后供给用户使用；其余的反渗透高压浓海水进入能量回收装置，余压能交换后排出系统。

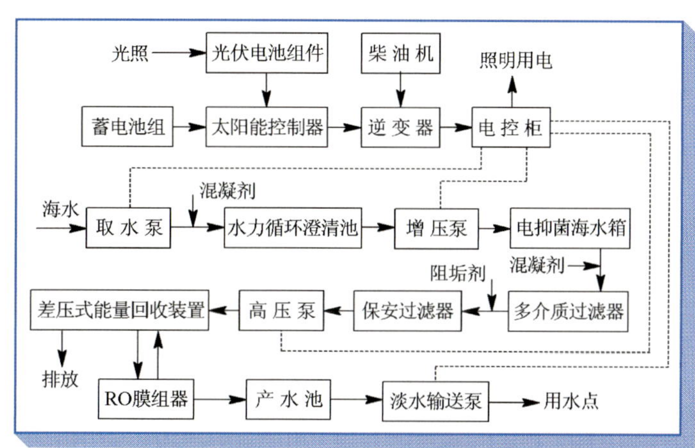

图 3-6　大鱼山岛光伏太阳能海水淡化示范工程工艺流程

该工程的预处理系统由三级预处理组成。一级预处理为水力循环澄清池，投加混凝剂 $FeCl_3$，一般为 10～15 mg/L，使一级预处理出水浊度小于 10 NTU；二级预处理为电抑菌海水箱，通以 24 V 直流电对海水进行灭菌处理；三级预处理为多介质过滤器，在多介质过滤器前再投加小剂量混凝剂，进一步除去水中机械杂质、悬浮物、胶体及部分有机物，保证出水悬浮物含量小于 1 mg/L，污染指数小于 5。

光伏太阳能发电系统由太阳能电池组、太阳能充放电控制器、直流 / 交流逆变器、蓄电池（组）及配电系统组成。其中系统配置了 30 块功率为 180 W 多晶硅电池板，单块尺寸为 1580×808 mm×35 mm，其额定工作电压为 37.5（37.5×5%）V，采用 10 块电池组件串联组成 1 个光伏方阵，共有 3 个光伏方阵（阵列朝向一致），每个光伏方阵的功率为 1.8 kW。

工程配置 8 支 4 英寸的美国陶氏海水淡化复合膜元件 SW30-4040，其脱盐率在 99.7%左右，采用一级二段结构。1 台由杭州水处理技术研究开发中心研制的型号为 ER-PP2.8 的差压式能量回收装置。能量回收装置额定盐水处理量为 4～5 m^3/h，额定压力 6.4 MPa，能量回收效率达 96%以上。另有 2 台由杭州水处理技术研究开发中心研制的型号为 HS-DGLQ2.0 的多介质过滤器。多介质过滤器采用的石英沙滤料空隙约为 10～15 μm，采用双层滤料，滤料采用石英砂和无烟煤，自下而上依次填充粒径为 0.4～2.5 mm 的石英砂和粒径为 0.8～1.2 mm 的无烟煤。HS-DGLQ2.0 多介质过滤器采用压力过滤器，过滤器尺寸为 Φ600 mm，滤速 8 m/h，单台滤器设计出水量为 2 m^3/h，反冲洗膨胀率 20%左右。

大鱼山光伏太阳能海水淡化示范工程，于 2010 年 6 月初调试成功，投入试运行，产品水符合国家生活饮用水标准。反渗透吨水能耗约为 4.7 kW•h/m^3，如按常规电价 0.8 元（kW•h）计算，吨水综合制水成本约为 6.3 元 /m^3 左右。我国产水规模在 50 m^3/d 以下的常规海水淡化系统制水成本一般在 8～10 元 /m^3。

（2）电渗析海水淡化工程实例

1975 年根据西沙驻军的需要，研制了日产 200 t 电渗析海水淡化装置。1978 年 10 月，全套装置在浙江省梅州岛的试验现场模拟西沙条件进行长期运转。由国家海洋局主持召集有关单位对本装置进行了技术鉴定，会议认为装置先进，性能稳定，达到了设计指标，可交付西沙部队使用。

1981 年 6 月装置在西沙永兴岛海水淡化站正式投产运行。淡化装置主要参数分列如下：

①淡化装置

脱盐范围：35 000 mg/L（海水）～500 mg/L（饮用水）；产水量 200 m^3/d；脱盐方式二组十级连续一次式淡化；单位膜对面积产量 0.125 $m^3/d•m^2$，倒换电极周期 24 h/ 次；运转水温 20～35℃；单极脱盐率大于 40%（极限电流情况）；水回收率 30%；淡化器用电小于 15 kW•h/m^3（产品水）；水泵用电小于 5 kW•h/m^3（产品水）；总耗电小于 20 kW•h/m^3（产品水）；各水路系统水压小于 0.25 MPa；耗酸不用或少用。

②电渗析器

隔板：聚丙烯 400 mm×1600 mm×0.93 mm；网式布水槽；隔板网：直径单丝为 0.26 mm 的双层聚丙烯编制网；有效面积：0.43 m^2；流水道宽度：340 mm；流程长度：144 mm。

离子交换膜与抗氯膜：聚乙烯异相阴阳离子交换膜；氯纶均相抗阳膜。

电极配水框：环型配水；冲刷型电极框；直径 2 mm 钛涂燎电极丝；电流密度 2～25 mA/cm^2。因海水淡化所需的电流密度且海水中含钙、镁离子多，所以不仅要求电极能承受较大的电流密度耐氧化、有清除阴极沉淀的作用，而且能进行电极换向，以延长淡化器的运转周期。为此，选择了具有上述特性的钦涂钌丝代作阴、阳极材料，并采用高速水流冲刷和定期调换电极的方法，无需加酸，解决了电渗析海水淡化中阴极沉淀的老大难问题。

2 热法

（1）多级闪蒸工程实例

大港发电厂海水淡化工程。大港电厂地处渤海之滨，从意大利成套引进的发电容量为 320 MW 亚临界机组 4 台，分两期建成。一期两台燃油机组分别于 1978 年 10 月和 1979 年 1 月投产发电，二期 2 台燃煤机组分别于 1991 年 9 月和 1992 年 5 月投产发电，是我国最早利用海水冷却的大型电站，也是目前我国最早使用海水淡化设备制取淡水以满足机组发电用水的火力电厂。

大港发电厂海水淡化项目从 1984 年开始与国外有关公司进行技术交流与洽谈，在两年的时间内分别和5个国家中的6个公司进行了谈判，最终于1986年8月与美国ESCO正式签订合同，以540万美元的价格成交了两套日产3 000 t的多级闪蒸海水淡化装置。该装置是由美国ESCO公司设计并供应成套设备，其主体设备委托韩国大宇公司制造，其他配套设备分别由美国、意大利、西德制造提供。每套设备用海水量750 m^3/h，每套设备产淡水3 000 m^3/d。分别于1991年10月和1992年1月正式投入运行，占地面积约45 m×40 m，布置在一期与二期主厂房之间，每套装置的主要设备由3台热回收段蒸发器、一台热排放段蒸发器及海水加热器、除二氧化碳器、除氧器各一台组成。其中，热回收段蒸发器及热排放段蒸发器外形均为长方形，前者尺寸为；19.6 m×2.8 m×2.2 m（长、宽、高），每台设备有12个闪蒸室；后者尺寸为19.6 m×2.0 m×2.2 m，有3个闪蒸室，4台蒸发器分别横卧在两组门型钢架上。二氧化碳器、除氧器外形为立式圆筒形，尺寸为D2.3 m、L8 m，安装在蒸发器北侧的零米基础上。抽气系统安装在蒸发器顶部东侧钢架上，海水加热器安装在蒸发器顶部西侧设备外壁上，其他设施（水泵，加药设备等）均布置在蒸发器下部的基础上。4台蒸发器组成了39级闪蒸室。

（2）低温多效蒸发工程实例

例1 天津国投北疆发电厂低温多效海水淡化工程。

北疆发电厂是由天津国投津能发电有限公司投资建设的以发电为主循环经济项目。北疆发电厂总体规划建设4×1 000 MW燃煤发电超超临界机组和40×10^4 m^3/d海水淡化装置。工程分两期建设，留有三期扩建余地。一期工程建设2×1 000 MW发电机组和10×10^4 m^3/d海水淡化装置，于2007年5月10日获得国家发改委核准，一期工程总投资约123亿元，发电工程的三大主机由上海电气集团股份有限公司制造，海水淡化设备由以色列IDE公司供应。2009年投产一台发电机组和配套海水淡化装置，2010年一期工程全部竣工投产。

北疆发电厂海水淡化工程是由4台单产额定产量为25 000 m^3/d的装置组成，每台装置由13效蒸发单元和2台冷凝器构成。由于海水淡化装置接收到的蒸汽存在从低压到中压的波动，因此运行时的造水比将对应于动力蒸汽压力，一般造水比为10～15。

主要技术参数为：单台装置生产产品水的能力不低于25 000 m^3/d，产品水质量TDS小于5 mg/L，pH5.5～6.0；0.12～0.50 MPa蒸汽压力下的造水比为13～15，0.12～0.50 MPa蒸汽压力下电耗1.45～1.55 kW•h/m^3，0.12～0.50 MPa蒸汽压力下蒸汽消耗（不包括抽取不凝结性气体用蒸汽）为70～80 m^3/h。

例2 山东黄岛发电厂低温多效蒸馏海水淡化工程。

3 000 m^3/d低温多效海水淡化示范工程来源于国家海洋局天津海水淡化与综合利用研究所承担的国家科技部“十五”重大科技攻关“水安全保障技术研究”项目“低温多效海水淡化技术示范工程研究”。该工程由国家海洋局天津海水淡化与综合利用研究所设计、青岛华欧集团制造，于2004年6月建成投产。

该装置主体由9效蒸发器及1台冷凝器串联组成，其中第6效设有蒸汽抽气口。总长度为

67 m，高度为 12 m，筒体直径 4 m，日产淡水 3 000 m³/d，产品水含盐量 4.2 mg/L，吨水电力能耗为 1.65 kWh，吨水成本为 4.8 元。蒸发器筒体由碳钢制成，内涂防腐涂料，同时在筒体底部加有阳极棒，对蒸发器进行牺牲阳极保护。蒸发器内部的主要构件包括蒸发（冷凝）管、喷淋系统、淡水箱、捕沫装置等，每一效还带有浓盐水闪蒸罐及淡水闪蒸罐各一个。该装置投产以来，运行情况良好，各项运行参数均优于设计指标。

三、国外海水淡化工程应用

根据 2010 年国际脱盐报告，目前世界的海水淡化工程和工程合同数均有较大的增长。

1 2010 年全球新建或在建项目

表 3-8 全球新增或在建合同

国家或地区	产量 /（$m^3 \cdot d^{-1}$）	国家或地区	产量 /（$m^3 \cdot d^{-1}$）
阿富汗	RO 156	约旦	RO 2 640
阿尔及利亚	RO 17 550，MED 720	哈萨克斯坦	RO 500
安哥拉	RO 31 800	肯尼亚	RO 1 635
安圭拉岛	RO 795	利比亚	RO 6 000
阿根廷	RO 17 561	马耳他	RO 1 500
阿鲁巴岛	RO 24 000	墨西哥	RO 9 448
阿森松岛	RO 240	阿曼	RO 13 212
澳大利亚	RO 58 890，MED 3 000，ED 763	巴基斯坦	RO 9 384
阿塞拜疆	RO 4 800	巴布亚新几内亚	RO 4 000
巴林	RO 13 720	秘鲁	RO 7 930
比利时	RO 1 000	菲律宾	RO 102 935
玻利维亚	EDI 240	波兰	ED 2 835
巴西	RO 161 092，NF 24 000	葡萄牙	RO 120，其他 768
保加利亚	RO 150	卡塔尔	RO 712，其他 15 000
加拿大	RO 34 341	韩国	RO 117 130，NF 2 500
乍得	RO 545	罗马尼亚	RO 820
智利	RO 3 577	俄罗斯	RO 14 654，ED 58 877
中国大陆	RO 110 000	沙特阿拉伯	RO 378 593，MSF 777 450，其他 15 000

表 3-8 全球新增或在建合同（续）

国家或地区	产量 / ($m^3 \cdot d^{-1}$)	国家或地区	产量 / ($m^3 \cdot d^{-1}$)
哥伦比亚	RO 24 000	塞舌尔	RO 948
塞浦路斯	RO 26 600	新加坡	RO 2 400
丹麦	RO 5 887	西班牙	RO 88 974，ED 10 684，其他 18 120
多米尼加共和国	RO 900	圣文森特岛	RO 2 271
厄瓜多尔	RO 4 906	叙利亚	RO 5 500
埃及	RO 105 756，MED 4 000	中国台湾	RO 5 645
赤道几内亚	MED 1 365	坦桑尼亚	RO 720
法国	RO 5 280	泰国	RO 3 600
德国	RO 8 340	突尼斯	RO 300
希腊	RO 4 035	土库曼斯坦	RO 22 032
洪都拉斯	RO 1 296	土耳其	RO 22 763
印度	RO 153 792	阿联酋	RO 48 199，MSF 33 600
印度尼西亚	RO 31 415，MED 1 220	英国	RO 3 661
伊朗	RO 22 000，MED 4 560	美属维尔京群岛	RO 341
伊拉克	RO 7400	美国	RO 172011，ED 14036，NF 66619
以色列	RO 65000	委内瑞拉	RO 500
意大利	RO 2480	赞比亚	RO 4906
日本	RO 37796，MED 2900，ED 3200		

2 新建海水淡化工程简介

(1) Aromco Rabigh Refinery—Saudi Arabia

由 SETE 技术服务公司，Zalid 工业投资有限公司和 AIC 组成的集团向 MUWbc 递交了一个为期 20 年海水淡化计划，它是 Saudi Arabia 第一个工业的 BOOT 项目。

工厂位于距离 Jeddah 南部 150 km 的红海，55%的 Low-TDS 蒸馏物被用作 Rabigh 提炼厂的过程水，剩下的流出物添加矿物质后被用作食用水。在第 1 步所产生的压缩水蒸汽被送回到沸腾进水系统。

每个单元长 51 m，宽 11 m，6 个蒸发池里有 2 个装有 317 L 不锈钢盖子，剩余 4 个为 316 L 不锈钢。管道按照 ANSI 标准制造。工厂进水中投加 Belgand2050 防垢剂和 Belite M8 防沫剂，此组件在多年运行时间内不用酸洗。

(2) North Side Water Works-Cayman Islands

产水量为 9 000 m^3/d 的海水淡化工厂，是目前设计的最大的海水淡化厂，由 CWCO 及其子公司承建、投资和运行。政府负责对 Cayman 岛提供食用水。工厂的进水由距离建筑 30 m 远的4个深井抽取，每个井深117 m，由浸入水中的管道抽水，并将水通过610 mm HDPE管道输送到预处理系统。

Cayman岛的国家水文地质使海水自然过滤，SDI小于1.0，仅需5 μm预滤药筒。

（3）Hadere SWRO－Isreel

2006年9月，以色列政府授予H_2ID一个25年的BOOT项目。H_2ID是由IDE科技和HcH组成的集团，Hadere SWRO－Isreel由这个财团集资、设计、建造。

Hadere SWRO－Isreel原先设计年产量为1×10^8 m^3/a，随后产量被提升了27%。额外产量使工厂更加灵活利用不同的时间段产水，采取更低的峰谷电、关税来产更多的水。所产的水将全部卖给LWDA，项目结束以后，工厂将由政府接收。

工厂位于邻近Rabin Lights电厂，距Haifa 45 km，建在一个形状怪异的岛上，长1.3 km，宽50 m，工厂技术与IDE工厂的很多技术都相似。

（4）Sydney Water SWRO－Australia

2003年，悉尼持续干旱，并且淡水储量越来越少，估计2010—2011年，悉尼每年将会短缺3×10^8 m^3的水量，NSW政府机构才把海水淡化作为其水资源供应的战略之一。

在2007年6月，悉尼水务选择Blue Water集团（Veolia Water和John Holland）设计和建设250000 m^3/d的工厂，预算1.5亿美金，由Veolia Water运行并维修。

（5）Light Weight Water Purifier(LWP)－Mobile BWRO/SWRO

现有的LWP装置由MECO设计和开发，可为少数急需用水的公民和军队活动使用，也可用于海水淡化。LWP有产量1.8 m^3/h苦咸水淡化或1.1 m^3/h的海水淡化。 LWP能够在45 min内被组装，仅由一个人操作，可以由飞行器空投。

进水与预处理：经孔径410 μm过滤器，增压泵把水传送到UF预处理单元，3个UF药筒去除悬浮固体微粒，细菌与其他的微生物，过滤出水保存在过滤箱里。UF系统有一个140 m^3的过滤箱，为过滤提供苦咸水和快速注水，允许在持续高压下运行，然后制造饮用水，用苦咸水泵抽水、反洗和快速进水操作。

RO系统：将预处理水输送到RO单元。RO单元包括7个RO排列膜组件，其渗透液通过化学处理单元，并且注射氨水杀菌，储存于容积264 m^3的水箱，用输送管道以0.61 m/s的速度输送到盐域（加利福尼亚，位于Monterny附近，旧金山南部145 km处）。

为了满足长期水资源供应和沙城的重建和发展，沙城在沿海建造海水淡化工厂。此工程之前，城市用水全部向CalAm购买，由CalAm把沿岸的地下水和Carmol River的地表水进行混合得到。

沙城沿海岸海水淡化工厂处理高盐度的地表水，最大产水量为1 135 m^3/d，装机产水量为2 271 m^3/d。采用柱塞活动式泵，消除了变频驱动，并且提高了泵的效率。盐度变化导致进水压力大波动，可利用能量回收装置回收浓缩物的95%的能量。

第四篇

海水淡化相关标准和指标

- 海水原水指标
- 国内相关标准
- 国外相关标准

一、海水淡化原水指标[2]

1　淡化工程原水指标

水质指标反映原料水水质状况，评价淡化设备运行状况和检验产品水质的主要依据。水质指标概括起来可以归纳为物理指标、化学指标和生物指标三大类。

（1）物理指标：包括盐度、氯度、悬浮物质、浊度、色泽和色度、温度、臭和味、电导率等项目。

（2）化学指标：包括生化需氧量（BOD）、化学耗氧量（COD）、总有机碳（TOC）、总需氧量（TOD）、有机氮、pH、水污染指数（Fi）及其他有毒有害物质。

（3）生物指标：主要有细菌总数和大肠菌群数。

2　淡化工程原水分类

淡化工程原水分类见表 4-1～表 4-5。

表 4-1　原水按所含溶解矿物质总量（矿化度）分类

水类别	淡水	微咸水	咸水	盐水	卤水
总矿化度 /($g\cdot L^{-1}$)	＜1	1～3	3～10	10～50	＞50

表 4-2　原水按硬度大小分类

水类别	极软水	软水	微硬水	硬水	极硬水
硬度(Ca^{2+}+Mg^{2+})/($mmol\cdot L^{-1}$)	＜0.75	0.75～1.5	1.5～3.0	3.0～4.5	＞4.5

表 4-3　原水按电导率大小分类

水类别	特级	一级	二级	三级	四级
电阻率 /($M\Omega\cdot cm^{-1}$)	＞16	10～16	2～10	0.5～2	＜0.5

表 4-4 原水按卫生条件分类

水类别	卫生水	相当卫生的水	不可靠的水	不卫生的水	极不卫生的水
菌度 /mL	＞300	100	10	1.0	0.1

表 4-5 原水按 COD_{Mn} 分类

水类别	很低的	低的	中等的	稍高的	高的	很高的
COD_{Mn}/（mg•L^{-1}）	＜1	1～2.5	2.5～5.0	5.0～10	10～15	＞15

3 反渗透系统进水指标

反渗透海水淡化系统进水水质指标见表 4-6。

表 4-6 反渗透海水淡化系统进水水质指标

项　目	指　标	项　目	指　标	项　目	指　标
最大进水浊度 /（NTU）	1	余氯含量 /（mg•L^{-1}）	<0.1	pH（临时清洗）	1～12
污染指数（SDI）	<4	铁含量（mg•L^{-1}）	<0.05	pH（连续运行）	2～11
COD_{Mn}/（mg•L^{-1}）	≤1.5	油和油脂含量（mg•L^{-1}）	<0.1		

二、国内相关标准

1990 年，当时的国家技术监督局《关于海洋工作行业标准归口管理范围的批复》（技监局标发[1990]634 号）明确了国家海洋局对海洋行业标准归口管理范围。多年来，国家海洋局通过海洋标准技术归口单位在海水淡化标准方面开展了大量细致有效的工作。

2006 年，国家标准委、国家发改委、国家海洋局等有关部门联合发布了《海水利用标准发展计划》（国标委工交联[2006]8 号）和《2005－2007 资源节约与综合利用标准发展计划》（国标委工交联[2006]29 号），并且将海水淡化等海水利用标准作为重要内容列入《标准化“十一五”发展规划纲要》中去。随后，国家海洋局又陆续制定了《2006 年度海洋行业标准制修订计划》、《2006 年度海洋行业标准制修订计划》、《2008－2009 年资源节约与综合利用标准制修订计划》等海水淡化标准计划。

在上述计划中，每年都有海水淡化方面的标准计划，通过以上一系列标准研制计划的实施，目前海水淡化标准体系已基本形成，体系内各类标准的研制正在按照计划井然有序地逐步推进，海水淡化标准体系的建立和完善必将对海水淡化产业化发展起到巨大的促进作用。膜法海水淡化标准见表 4-7，热法海水淡化标准见表 4-8。

表 4-7　膜法海水淡化标准

序号	标准名称	标准号	级别	状态
1	膜分离技术 术语	GB/T 20103-2006	国家	发布
2	电渗析技术 异相离子交换膜	HY/T 034.2-1994	行业	发布
3	电渗析技术 电渗析器	HY/T 034.3-1994	行业	发布
4	电渗析技术 脱盐方法	HY/T 034.4-1994	行业	发布
5	电渗析技术 用于锅炉给水的处理要求	HY/T 034.5-1994	行业	发布
6	中空纤维反渗透膜测试方法	HY/T 049-1999	行业	发布
7	中空纤维超滤膜测试方法	HY/T 050-1999	行业	发布
8	中空纤维微孔滤膜测试方法	HY/T 051-1999	行业	发布
9	微孔滤膜	HY/T 053-2001	行业	发布
10	中空纤维反渗透技术 中空纤维反渗透组件	HY/T 054.1-2001	行业	发布
11	中空纤维反渗透技术 中空纤维反渗透组件测试方法	HY/T 054.2-2001	行业	发布
12	中空纤维超滤装置	HY/T 060-2002	行业	发布
13	中空纤维微滤膜组件	HY/T 061-2002	行业	发布
14	中空纤维超滤膜组件	HY/T 062-2002	行业	发布
15	聚偏氟乙稀微孔滤膜	HY/T 065-2002	行业	发布
16	聚偏氟乙稀微孔滤膜折叠式过滤器	HY/T 066-2002	行业	发布
17	卷式超滤技术 平板超滤膜	HY/T 072-2003	行业	发布
18	卷式超滤技术 卷式超滤元件	HY/T 073-2003	行业	发布
19	膜法水处理反渗透海水淡化工程设计规范	HY/T 074-2003	行业	发布
20	中空纤维微滤膜装置	HY/T 103-2008	行业	发布
21	陶瓷微孔滤膜组件	HY/T 104-2008	行业	发布
22	卷式反渗透膜组件测试方法	HY/T 107-2008	行业	发布
23	反渗透用能量回收装置	HY/T 108-2008	行业	发布
24	反渗透用高压泵技术要求	HY/T 109-2008	行业	发布
25	聚丙烯中空纤维微孔膜	HY/T 110-2008	行业	发布
26	超滤膜及其组件	HY/T 112-2008	行业	发布
27	纳滤膜及其元件	HY/T 113-2008	行业	发布
28	纳滤装置	HY/T 114-2008	行业	发布
29	电去离子膜堆（组件）	HY/T 120-2008	行业	发布

表 4-8 热法海水淡化标准

序号	标准名称	标准号	级别	状态
1	多效蒸馏海水淡化装置通用技术要求		国标	在编
2	海水淡化装置用铜合金无缝管	GB/T 23609-2009	国标	发布
3	火力发电厂海水淡化工程设计规范	GB/T 50619-2010	国标	发布
4	海水淡化（低温多效）系统操作员	职业标准	国标	完成
5	海水利用术语 第 2 部分：海水淡化技术		行标	在编
6	蒸馏法海水淡化工程设计规范	HY/T 115-2008	行标	发布
7	多效蒸馏海水淡化装置通用技术要求	HY/T 106-2008	行标	发布
8	蒸馏法海水淡化蒸汽喷射装置通用技术要求	HY/T 116-2008	行标	在编
9	蒸馏法海水淡化布液装置通用技术要求		行标	在编
10	喷淋式海水淡化装置	CB/T 3803-2005	行标	发布
11	管式海水淡化装置	CB/T 841-1999	行标	发布
12	板式海水淡化装置规范	CB 1397-2008	行标	发布
13	钢铁行业低温多效海水淡化技术规范		行标	在编

三、国外相关标准

目前，国外尚没有直接针对海水淡化的标准化组织、文件及相关活动。在热法海水淡化的工程设计、施工建造和运行维护中，主要参考一些重要国际标准化组织及所在国家发布的相关标准，部分海水淡化企业则编制有自身的企业标准。

通常，国外热法海水淡化工程的标准来源主要包括以下组织和国家：国际标准化组织（ISO）、国际电工委员会（IEC）、美国国家标准学会（ANSI）、美国试验与材料协会（ASTM）、美国机械工程师协会（ASME）、美国焊接协会（AWS）、美国热交换学会（HEI）、美国卫生基金会（NSF）、欧洲标准协会（EN）、欧盟锅炉和压力容器制造厂协会（CECT）、德国标准化学会（DIN）、法国标准化协会（AFNOR）等。

热法海水淡化配套各专业主要标准来源如下：

（1）机械标准：ASTM、ASME、AFNOR、AWS、ARMY MIL 等；

（2）材料标准：ASTM、EN、AWS 等；

（3）管道标准：ASTM、DIN、AFNOR 等；

（4）泵标准：ISO、ASTM、AFNOR、EN 等；

（5）仪表标准：ISO、ASTM、AFNOR 等；

（6）电气标准：IEC 等；

（7）水质与卫生标准：WHO、EN、NSF、EPA 等。

传热材料一直是热法海水淡化工程的关键技术及核心竞争力之一。美国材料与试验协会制订了相关标准《Standard Specification for Seamless and Welded Copper- Nickel Tubes for Water Desalting Plants（ASTM B 552-2008）》（关于海水淡化设备采用的无缝或焊接铜一镍合金管的规格要求）。该标准自 1998 年开始颁布，已经过 2004 年及 2008 年两次修订，目前已被我国修改采用为国家推荐标准，即《海水淡化装置用铜合金无缝管（GB/T 23609-2009）》。

在海水淡化供水设计标准中，已有标准有《Ships and marine technology -Potable water supply on ships and marine structures -Part 1: Planning and design （ISO 15748-1:2002）》（船舶和海洋技术一船舶和海洋设施的饮用水供应一第 1 部分：规划与设计），适用于舰船的淡化水供应。

对于国际热法海水淡化的标准使用情况，表 4-9 列出了部分具体标准。

图 4-1　大型反渗透海水淡化工厂

图 4-2　大型低温多效海水淡化工厂

表 4-9 与热法海水淡化相关的部分标准

序号	标准代码	标准号	开发机构
1	ISO 15748-1:2002	Ships and marine technology－Potable water supply on ships and marine structures－Part 1: Planning and design	TC 8/SC 3
2	ISO 15749-1:2004	Ships and marine technology－Drainage systems on ships and marine structures - Part 1: Sanitary drainage- system design	TC 8/SC 3
3	ISO 15749-4:2004	Ships and marine technology－Drainage systems on ships and marine structures - Part 4: Sanitary drainage, sewage disposal pipes	TC 8/SC 3
4	ISO 15840:2004	Ships and marine technology －Standard specification for thermosetting resin fibreglass pipe and fittings to be used for marine applications	TC 8/SC 3
5	ISO 14713:1999	Protection against corrosion of iron and steel in structures－Zinc and aluminium coatings－Guidelines	TC 107/SC 4
6	ISO 11306:1998	Corrosion of metals and alloys－Guidelines for exposing and evaluating metals and alloys in surface sea water	TC 156
7	ISO/DIS 24512	Activities relating to drinking water and wastewater services－Guidelines for the management of drinking water utilities and for the assessment of drinking water services	TC 224
8	ASTM WK5669	Standard specification for titanium and titanium alloy welded pipe	B10.01
9	ASTM WK5670	Standard specification for titanium and titanium alloy wire	B10.01
10	ASTM D6442-06	Standard test method for determination of copper release rate from antifouling coatings in substitute ocean water	D01.45
11	ASTM D 1141	Standard practice for the preparation of substitute ocean water	D19.02
12	ASTM D4328-03	Standard practice for calculation of supersaturation of barium sulfate, strontium sulfate, and calcium sulfate dihydrate (gypsum) in brackish water, seawater, and brines	D19.05
13	ASTM WK5755	Standard specification for design and installation of seawater piping anti-bio fouling systems	F25.06
14	ASTM G52-00(2006)	Standard practice for exposing and evaluating metals and alloys in surface seawater	G01.09
15	NSF Standard 53	Drinking water treatment units－health effects	NSF
16	NSF Standard 55	Ultraviolet microbiological water treatment systems	NSF
17	NSF Standard 60	Drinking water treatment chemicals and system components －health effects	NSF
18	NSF Standard 61	Drinking water system components－health effects	NSF
19	NSF Standard 62	Drinking water distillation systems	NSF
20	ARMY MIL-D-5850D	Distillation kits, sea water, solar (ESG)	ARMY MIL

第五篇

海水淡化行业基本概况

■ 主要研究机构
■ 主要生产企业
■ 行业组织与学术动态

一、主要研究机构

据不完全统计，我国现有的研究机构40余家，名单见附录。

主要研究机构如下：

1 杭州水处理技术研究开发中心

杭州水处理技术研究开发中心以膜及膜过程、膜材料为主要研究方向。杭州水处理技术研究开发中心组建于1984年，是在1970年组建的国家海洋局第二海洋研究所海水淡化研究室基础上发展起来的，是国内从事膜法技术研究最早、技术力量最强的单位。该中心集研究开发、产品生产、工程设计与成套、项目咨询于一体，聚集着自创业50多年来的科技人才之精华，拥有工程院院士1名，国务院特殊津贴专家10名，高级工程师50余名。是国家液体分离膜工程技术研究中心、国家净水技术设备动员中心的依托单位，中国海水淡化与水再利用学会和浙江省膜学会的挂靠单位。

该中心拥有海洋工程专项甲级设计证书、浙江省环境污染治理工程总承包资质证书、甲级工程咨询证书、环境工程（废水废气）甲级工程设计证书 、海洋行业（沿岸）工程设计乙级证书 、环境工程（废水）乙级工程咨询资格证书、ISO9001质量体系认证。“七五”以来，该中心先后承担国家“七五”、“八五”、“九五”、“十五”、“十一五”科技攻关项目和国家自然科学基金项目国家“973”计划、“863”计划及地方重大科技项目近百项，获国家科技进步一、三等奖，省部级科技进步奖40余项，国家级新产品3项，国家专利40余项。共承担完成了重大项目60多项。承接了国内65%以上的海水淡化工程，凭借强劲的研发实力和先进的工程管理成套经验，承担我国日产千吨级、万吨级、十万吨级的海水淡化示范工程。

2 国家海洋局天津海水淡化与综合利用研究所

国家海洋局天津海水淡化与综合利用研究所作为国内热法淡化的领军队伍，有20多年的蒸馏淡化研究经验。在低温多效海水淡化传热材料、关键设备和部件、专用药剂和材料、仿真及智能化控制、相关标准等方面开展了系统研究并取得重要进展，在此基础上形成 3 000 m³/d、4 500 m³/d、10 000 m³/d、15 000 m³/d、25 000 m³/d 等不同规模低温多效淡化工程成套技术，多数成果已成功得到应用并出口国外。完成了 7 台海水淡化装置的设计并投入运行，总容量 2.4 万 m³/d，自主技术投运规模国内第一。通过国家修购专项的支持，建成了多效蒸馏传热、喷淋布液、汽液分离、药剂和涂料开发、金属和非金属材料性能检测、膜性能检测、海水水质分析、化学药剂分析、化学资源提取 9 个专业化实验室，以及多个产品开发平台（包括低温多效海水淡化中试平台、蒸汽喷射泵中试开发平台、反渗透海水淡化中试试验平台、海水资源提取中试试验平台等），采购大型专用检测仪器 245 台 / 套；国际先进的专业设计、数据分析、模拟仿真等软件 10 余套；研发条件及软硬件设施国内领先、国际先进。在国内率先完成单机 25 000 m³/d 低温多效蒸馏海水淡化工艺研究和装置设计工作，通过权威设计审查机构的评审。在上述过程中形成了 70 余人的热法海水淡化专业研究队伍，多数人员的从业时间在 10 年以上。

该所拥有具有国家海洋行业甲级设计资质、ISO9001:2008 质量管理体系认证和国家计量认证，组建了“国家海水资源利用工程技术研究中心”和“国家海水及苦咸水利用产品质量监督检验中心”，拥有国内一流的海水淡化科研、检测手段和一支高素质、专业配置齐全的科技队伍。

3 清华大学

清华大学化学工程系建于 1946 年，在海水淡化领域主要以核能海水淡化为研究方向。系内设立化学工程与工业生物工程、高分子材料与工程两个专业，主要学科方向包括化学工程（含反应工程、分离工程、化工热力学）、过程与系统工程、生物化工、应用化学、高分子材料与化工。具有化学工程与技术和材料学一级学科博士学位授予权。该系目前有教授 34 人，副教授 29 人，其中中国科学院院士 1 人，中国工程院院士 2 人。同时还聘请了一批国内外有影响的学者作为双聘教授、兼职教授或客座教授。

4 浙江大学

浙江大学材料与化学工程学院成立于 1999 年，在海水淡化领域主要以膜材料为研究方向，学院现拥有中国科学院院士 4 人，教授 83 人，副教授、副研究员及高级工程师 159 人；现有在站博士后 12 人、博士研究生 225 人、硕士研究生 574 人。学院建有金属材料研究所、高分子复合材料研究所等 12 个研究所。学院历年来获国家自然科学奖、国家发明奖和国家科技进步奖近 30 项、省部级科技进步奖百余项，年均发表学术论文 600 余篇，其中被 SCI、EI 收录 150 余篇。学院现承担各级各类科研项目 330 余项，其中国家自然科学基金重大项目 1 项、重点项目 7 项、青年及面上项目 50 余项，国家“973”重点基础研究项目 3 项，国家攻关项目 7 项，国家“863”高技术项目 2 项，国家攀登计划项目 1 项。

5 南京工业大学

南京工业大学膜科学技术研究所成立于1991年，在海水淡化领域主要从事无机陶瓷膜研制、膜应用及膜集成技术开发、膜催化反应以及无机多孔材料开发等研究工作。研究所以工程院院士为学术带头人，拥有一支高水平的科研队伍，其中博士、博士后占80%以上，并有近80名博士和硕士研究生参与研究工作。

研究所先后承担了国家重点科技攻关项目、国家“863”项目、国家杰出青年基金项目等重要科研项目30余项，发表学术论文300余篇，获得国家和省部级科技进步奖9项，创建了南京九思高科技有限公司，并依托研究所建有江苏省膜工程研究中心和全国（化学工业）膜工程研究中心（南京）。建成了国内最大规模的陶瓷膜生产基地，产品在生物化工、化学工业、石油化工、食品、环境保护等领域获得成功应用。所完成的我国第一个无机陶瓷膜分离膜研究项目通过部级鉴定；获得我国无机陶瓷膜领域第一个国家科技进步奖。

目前，研究所已发展成从基础研究到商品膜设备制造的一个初具规模的一体化系统，拥有多个相关膜的实验室与商品膜与膜设备生产基地等，研究工作也拓展至纳米材料、催化材料、集成技术等领域。

6 天津大学

天津大学是我国最早开展海水淡化研究的单位之一，对海水淡化的两种主体技术——蒸馏法和膜技术法都有深入研究，并取得了多项成果。该校2000年成立了海水淡化与膜技术研究中心。

20世纪70年代末，主持完成了我国第一套海水淡化装置——天津市重点工程“天津市日产百吨级海水淡化多级闪蒸装置”，之后，又相继参与了国家和天津市海水淡化方面一系列发展计划的制订、论证，并促成了当时我国电厂用最大的海水淡化工业装置的建设。近年来，天大承担了海水淡化方面的利用石化余热大型海水淡化工程设计，浓缩卤水和海水生产化工产品的大型闪蒸装置改造工程，从而解决了日产万吨级大型海水淡化多级蒸馏装运的关键技术难题。此外，天津大学还承担了节能型船用淡化器的研制和开发，电去离子高纯水制造装置的研究和开发，同时完成10多项有关膜技术的国家自然科学基金和天津市自然科学基金项目。

7 天津工业大学

天津工业大学生物化工研究所成立于2006年，主要致力于新型化工过程和化工材料、海洋化工产品提取技术、生物医学工程中新材料研发与应用。工业废水处理技术，以及污废水膜生物处理技术等领域，以及在与上述领域直接相关的新型材料制备和应用技术等方面的研究，并培养此研究方向的博士后、博士和硕士学位研究生。研究所主要从事采用国内首创的耐热聚偏氟乙烯（PVDF）中空纤维疏水膜进行新型膜蒸馏、膜萃取、膜结晶、膜吸收等化工过程的研究，研制的疏水性PVDF中空纤维膜已取得了很好的应用效果。

8 中国海洋大学

中国海洋大学化学化工学院始建于1959年，现设有全国海洋化学硕士点，博士点。海洋化学学科为国家重点学科，在海洋物理化学、海洋生物地球化学和海洋资源综合利用等领域的研究达到了国际先进水平，并为我国的海洋事业培养了一批高层次的优秀专业人才。学院拥有中国工程院院士1人，教授23人，副教授18人，博士生导师25名。近5年来，承担国家“973”、“863”、国家自然科学基金、国家科技支撑计划及各类省部、市级科技划项目200多项。近五年共获得省部级以上科技奖励8项。

9 大连理工大学

大连理工大学在热法海水淡化技术研究方面成绩斐然。设有海水淡化辽宁省重点实验室，承担了一批重大节能和海水淡化领域重大技术开发项目。

该重点试验室通过材料表面改性处理，制备具有多重功效的特种表面涂层，研究该表面材料的强化传热、耐腐蚀和抗污垢生长的性能。这对于研制用于海水淡化蒸发器、石油炼制和加工过程的换热设备等新型传热表面有重要的意义。大连理工大学首次尝试采用表面改性处理技术制备具有低表面能的表面涂层材料，以实现强化传热和防腐抗垢的双重效益。

该校形成的完全自主知识产权低温多效海水淡化工艺包，可用于生产锅炉用水。基于这项技术，实现了高水回收率的油田采出水工艺技术设计，以及苦咸水综合利用工艺技术设计。该校主持研发的“万吨级低温多效海水淡化装置国产化技术开发项目”，完成了国产万吨级MED海水淡化装置概念设计中的工艺流程方案，并用于建造日产淡水1.25×10^4 t的MED海水淡化装置。

10 华北电力大学

华北电力大学是教育部直属国家“211工程”重点建设高校，是教育部与国家电网公司等七家特大型电力企业集团组成的校理事会共建的全国重点大学，该校在低温多效蒸馏技术领域开展了卓有成效的研究。

该校热电联产与海水淡化技术研究所在低温多效海水淡化、多级闪蒸海水淡化和水电联产方面具有一定的研究成果。

二、主要生产企业

据不完全统计，我国海水淡化装置及相关产品生产企业600余家，部份名单见附录。

主要企业如下：

1 杭州西斗门膜工业有限公司

杭州（火炬）西斗门膜工业有限公司，是杭州水处理技术研究开发中心的子公司。公司集科技开发、生产、经营于一体，主要从事反渗透、电渗析、纳滤、超滤、微孔滤膜和电连续除盐装置等技术的开发、生产和工程应用。公司建成的膜法水处理工程遍布国内及海外，积累了丰富的膜法水处理工程等大型集成技术的经验，与中心自身较深厚的基础科学研究理论相结合，使公司具备了较强的工程技术问题的解决能力，目前是我国实力最强的海水淡化装置生产和工程施工企业。

2 蓝星东丽膜科技（北京）有限公司

蓝星东丽膜科技（北京）有限公司（简称TBMC）是在膜法水处理行业居于世界领先地位的日本东丽株式会社和中国膜与水处理领域龙头企业中国蓝星集团共同投资组建的从事膜系列产品生产的合资公司。TBMC引进一流技术，建有中国最大的反渗透膜生产基地，是国内第一家真正拥有整套全球领先的全自动制膜卷膜技术的反渗透膜供应商。依托曾用于世界最大废水回用、海水淡化项目及超纯水领域的产品技术经验，TBMC致力于通过提供更高性价比的产品和卓越的技术服务，与客户合作共赢，为中国水资源安全和环境保护事业作贡献。

3 哈尔滨乐普实业发展中心

哈尔滨乐普实业发展中心是玻璃钢压力容器专业生产商，拥有多项完全独立自主知识产权的玻璃钢压力容器专业生产企业，是全国分离膜标准化技术委员会委员单位、国家级高新技术企业。乐普产品最早研发始于1984年，先后通过GB/T19001、GB/T24001、GB/T28001、ASME“RP”、ACS、WRAS及UL/NSF STD 61等认证。

乐普总部目前设在黑龙江省哈尔滨市，生产基地设在山东省德州市。基地拥有多台计算机控制多轴缠绕机、产品固化、表面处理等先进生产设备，具备完善的FRP性能检测手段及强大的研发能力。目前，乐普正承担国家和省市级多项科技项目。系列产品已在数千个水处理工程项目中得到广泛应用，销往多个国家和地区。

4 天津膜天膜科技有限公司

天津膜天膜科技有限公司是以膜材料和膜过程研发、膜产品规模化生产、膜设备制造以及膜工程设计施工和运营服务为产业链的高科技企业，从事膜科学与技术研究已有35年历史，具有完整的膜技术创新体系。是国家发改委命名的国家高技术产业化示范工程基地，“十一五”期间中空纤维膜国家“863”计划重大项目执行单位和天津市35项自主创新产业化重大项目实施单位，国家分离膜标准化技术委员会挂靠单位和秘书长单位。天津膜天膜公司生产以PVDF材质为主的各种材质（PS，PES，PAN，PE等）、各种规格的内压型和外天津膜天膜科技有限公司。

5 汇通源泉环境科技有限公司

汇通源泉公司是目前我国最大的复合反渗透膜生产商，年产量约330×10^4 m²。公司全套引进美国膜生产线以及工业化工艺技术，在美国资深膜技术专家的深度参与下，全方位的对膜生产技术进行吸纳，达致复合膜生产技术直接进入高层次。

公司主要产品为各型芳香族聚酰胺复合反渗透膜元件，产品的最大特点是全系列膜元件采用低污染膜片，产品技术含量高，耐污染性强，质量稳定。根据原水含盐量的不同，膜元件已形成系列产品。可针对中水回用和污水处理等较差的进水条件、原水中电荷的特性及用户的特殊需求，提供特殊用途低污染（FR）系列膜元件。

公司的膜产品及技术可广泛应用于食品饮料、锅炉补水、海水淡化、电子行业超纯水、废水处理与回用等多种行业。

6 武汉凯迪水务有限公司

武汉凯迪水务有限公司致力于以水处理为核心的环保产业，建立了较为完整的水务产业链体系，拥有设计、投资、建设、运营等一体化的解决能力。公司的经营领域包括：市政自来水、城市污水处理、工业纯水制备、工业废水处理、中水回用、海水淡化及自动控制系统等。

7 浙江科尔泵业股份有限公司

浙江科尔泵业股份有限公司为浙江省高新技术企业，是大功率石油、化工、电力等工业用泵的专业生产单位。

公司现有员工230人，建有省级高新企业研发中心，拥有多名国内水泵专业的高级专家、博士研究生。近年来，公司有2项产品被认定为国家级新产品；3项产品被认定为省级新产品；2项产品被列入国家第18批节能机电产品推广项目；7项产品获部、省、市级科技进步奖；5项产品获国家专利。公司开发的大型高压切焦水泵总体水平达到国际先进水平。

8 众和海水淡化工程有限公司

众和海水淡化工程有限公司由中国东方电气全资子企业东汽投资发展有限公司、中国电力工程顾问集团科技发展股份有限公司、国家海洋局天津海水淡化与综合利用研究所共同出资组建而成。公司成立于2007年，专业从事海水（苦咸水）淡化和水处理的工程咨询、设计、装备制造，主要业务包括：低温多效海水淡化、反渗透海水淡化、电厂锅炉补水、中水回用等。

众和海水淡化工程有限公司海水淡化（苦咸水）主要采用低温多效蒸馏、多级闪蒸和反渗透的方法；工业水处理主要从事火力发电锅炉补水、工业纯水和超纯水、中水回用和工业废水处理等方面，主要应用于电力、石化、医药、食品等领域工业供水、城市的居民供水和工业废水处理。

9　河北国华沧东发电有限责任公司

河北国华沧东发电有限责任公司由中国神华能源股份公司、河北省建设投资公司和沧州建设能源投资有限公司三家共同投资组建。

国华沧电黄骅发电厂规划总装机容量为 6 520 MW，目前发电总装机容量为 2 520 MW。一期工程建设两台 600 MW 亚临界燃煤发电机组和两台 1×10^4 m^3/d 进口海水淡化装置，2006 年 12 月 26 日正式投入商业运营；二期工程建设两台 660 MW 临界燃煤发电机组和 1 台 1.25 m^3/d 自主国产化海水淡化装置，2009 年 11 月 27 日实现竣工投产。

10　江苏双良集团

双良集团主要经营海水淡化主设备（蒸发器、冷凝器）。计划建设海水淡化设备生产项目，将形成年产 LT-MED/12000 低温多效海水淡化设备 9 套（海水淡化能力 10.8×10^4 m^3/d）的建设规模，正常年产值达 6.75 亿元，税后利润约 1.4 亿元，约合净利率 21%。

三、行业组织与学术动态

1　主要行业组织

（1）国内主要行业组织

①中国海水淡化与水再利用学会

中国海水淡化与水再利用学会成立于 1982 年，挂靠杭州水处理技术研究开发中心。学会设有海水淡化、水再利用、膜技术和产业化 4 个专业委员会。宗旨为团结全国从事海水淡化、脱盐与水再利用活动的科技工作者，广泛开展学术交流活动，促进水处理技术的发展，为我国水资源的开发、利用和保护服务。分会现有各类会员 400 多，遍布市政机关、科研院所、大专院校、工程公司、水处理设备制造商与销售商等企事业单位，是行业内最有影响力的机构之一，对我国海水淡化技术产业化起着十分重要的组织与协调作用。学会的主要工作包括：举办各类高层次科技会议；组织编写相关专业大纲和培训教材；举办全国水处理技术培训班和专家讲座，与国际同行业知名组织保持良好合作与交流，举行国际交流活动；参加国际引进项目咨询，国家攻关项目论证；为政府部门宏观决策和管理提供技术资料和调研报告。

② 中国膜工业协会

中国膜工业协会由原化学工业部、中国科学院和国家海洋局三部委共同发起,1995年在民政部正式登记注册,是具有法人资格的社会团体。协会挂靠在国家国资委。协会的宗旨是为会员服务,维护会员的合法权益,贯彻执行国家的政策、法令;加强行业的交流与协作;加强工程技术研究和应用开发,促进行业技术进步,提高行业经济效益,推动行业发展。协会目前有会员单位300多家,包括膜行业从事科研、设计、生产、工程及贸易的企事业单位。

③浙江省膜学会

浙江省膜学会成立于1988年,挂靠于杭州水处理技术研究开发中心。学会设有学术、咨询和科普3个工作委员会和膜技术咨询部。学会宗旨是团结广大膜科技工作者,广泛开展学术交流、技术培训、科学普及和咨询服务等活动,促进浙江省膜科技进步与产业化的发展,为浙江经济建设服务。学会成立以来,先后举办各类科技论坛、学术报告、水处理培训班30余次。编写膜法水处理教材多部出版,邀请日本、美国、法国、印度等著名科学家来杭讲学多次,经过多年的发展,学会现已成为推动浙江省海水淡化事业发展的重要力量。

(2)国际主要行业组织

①国际脱盐协会(IDA)

IDA是海水淡化与水处理领域最具权威性的国际组织,其服务范围是海水与苦咸水淡化,水再利用,水软化与处理等领域,所涉及的技术领域包括各种膜技术,水处理技术,蒸馏淡化技术,水质科学,环境科学与技术以及相关的能源技术等。该组织在世界各地拥有广泛的专家组织和各类会员,以提高世界水科技水平,促进新的水科学和技术的推广及应用,以推进海水淡化技术解决世界水资源缺乏与水污染问题为自己的目标和使命,并在此领域享有很高的声望和广泛的影响力。该组织始终致力于为世界各地区、各行业组织合作与交流以及全球水技术的进步和发展服务。

②欧洲脱盐学会(EDC)

EDC是一个全欧洲性的组织,它服务于所有对脱盐和膜技术有兴趣的组织和个人,包括大学、公司、研究院、政府机关等。该协会与欧洲人民携手致力于推动脱盐技术、中水回用和水处理技术的发展。该组织涵盖了与脱盐相关的各个领域包括:研究、应用、咨询、承包、运作及保养、制造、市场营销、经济以及法律规范。

③亚太脱盐组织(APDA)

APDA是IDA在亚太地区的分会组织。该组织由亚太地区脱盐及水处理行业的专家、科研院所、企事业单位和一切爱护水资源的志愿者等杰出人士自愿参加而组成的,目前有会员单位共200余家。亚太脱盐组织借助各国脱盐协会的力量和影响来促进亚太地区脱盐事业的技术进步,推动业内企业与国际化企业的管理模式接轨,加强与国际的交流和合作,推动全行业的发展和进步。

④国际水资源合作组织（GWP）

国际水资源合作组织成立于1996年，由世界银行，联合国发展计划署（UNDP）和瑞典国际开发合作署（SIDA）共同发起组建。以促进全球水资源综合管理和水、土地及相关资源的协调发展。

⑤中东海水淡化研究中心（MEDRC）

MEDRC于1996年12月成立于苏丹的阿曼，是世界著名的海水淡化和水资源再利用技术研究中心。MEDRC通过促进和支持海水淡化技术来满足中东和北非地区人民对清洁且费用低廉的饮用水的需要，以实现该地区的和平稳定和经济发展。

⑥国际水协（IWA）

国际水协会（IWA），成立于1999年，是由两个有较长历史的协会——国际水质协会（IAWQ）和国际供水协会（IWSA）合并而来。IWA的宗旨是共享在世界范围内的水科学与管理的最先进知识与经验，涵盖了水资源管理、饮用水、废水及雨洪管理等方面，并拥有来自全球130多个国家的近1万名会员。该协会所拥有的50个专家小组让国际水协会的特点更加突出，是国际水领域研究科学、技术以及管理课题的核心。

国际水协会的目标是：成为世界范围内在水管理发展方面领先的国际组织，这种发展是以一种环境可持续的方式实现。国际水协会提倡水管理中各方面的最新技术知识和技能的实际应用和相互交流，并将此通过各种方式包括会议、专家网络、出版物和电子媒介在全球宣传推广。协会致力于在各主要组织团体之间的宣传和交流思想以及提高公众的意识，为水资源方面的组织和专业人员提供交流信息的途径。

⑦世界水资源理事会（World Water Council）

世界水资源理事会是一个国际性的多方平台。它成立于1996年，由水资源利用领域的专家和国际组织发起，旨在关注全球水资源问题。世界水理事会的使命是：提高认识，在世界范围内建立多层次的政策保证，以应对水资源危机。包括高层决策、水资源保护、开发、规划、管理和利用等关乎地球上一切生物可持续发展的基础层面的事物。

2 主要学术期刊和论文

（1）期刊

①《水处理技术》杂志

1975年创刊的《水处理技术》杂志，是我国水工业最早创刊的二本期刊之一，创刊36年来，为推动技术创新、工艺开发、产品推广、工程应用等方面发挥了重大作用，获得了专业期刊的各类荣誉。

《水处理技术》专业报道：膜和膜过程研究开发及应用；水处理系统设计和运行管理；工业纯水和超纯水制造；海水和苦咸水淡化；瓶装水优质饮用水水净化；工业软化水冷却水处理；电

厂给水排水；废水处理和再利用；液体分离浓缩和提纯；水处理药剂的研制和应用；国内外行业的最新信息和市场动态，成为海水淡化和水处理领域中具有权威性的杂志。

②《膜科学与技术》杂志

《膜科学与技术》创刊于1981年，是国内报道膜技术的基础理论研究和应用的科技期刊。专业覆盖面宽，涵盖石油、化工、冶金、医药、食品、纺织、环保、生物制品提纯等领域。介绍有关膜和膜技术及水处理技术的基础理论研究；报道国内外膜科学和水处理领域的最新研究成果及在石油、化工、冶金、医药、环保及生物制品提纯等领域的应用成果及产业化情况；反映该学科的发展动态和趋势及最新信息等。

（2）论文

2010年《水处理技术》杂志发表的海水淡化主要论文有：

[1] 孙小军,刘克成,庞毅,等.国产万吨级低温多效海水淡化技术应用[J].水处理技术,2010,36(1):124-127.

[2] 丁涛,王世昌.直接热耦合增湿－去湿海水淡化过程数值模拟[J].水处理技术,2010,36(2):39-43.

[3] 崔迎,吴国旭,顾玲.正向渗透膜分离技术在海水淡化中的应用新进展[J].水处理技术,2010,36(5): 5-9.

[4] 张建中,杜鹏飞,张希建.反渗透海水淡化能量回收装置的研制[J].水处理技术,2010,36(6):42-46.

[5] 李栋梁,龙臻,梁德青.水合冷冻法海水淡化研究[J].水处理技,2010,36(6):65-68.

[6]樊雄,张维润.火力发电厂反渗透法海水淡化系统设计研究[J].水处理技术,2010,36(6):90-94.

[7] 龙臻,李栋梁,梁德青.一种新型水合物法海水淡化系统能耗及经济性分析[J].水处理技术,2010,36(8):67-70.

[8] 杨尚宝.关于我国海水淡化产业发展的几点看法[J].水处理技术,2010,36(7):1-4.

[9] 刘忠,曾胜,沈海平,等.鼓泡蒸发式太阳能海水淡化装置的试验研究[J].水处理技术,2010,36(8):75-79.

[10] 冯逸仙.海水淡化的技术方向及经济性[J].水处理术,2010,36(9):01-05.

[11] 张海春,范会生,陆阿定.新能源海水淡化技术应用进展及其在舟山的现状分析[J].水处理技术,2010,36(10): 23-27.

[12] 孙小军,王晓攀,刘克成,等.低温多效海水淡化进料方式的比较与分析[J].水处理技术,2010,36(11):120-122.

第六篇 海水淡化政策与管理

海水淡化事业的发展已得到国家领导和主管部门的高度重视。2000 年，海水利用被列入国家计委、国家经贸委联合发布的《当前国家重点鼓励发展的产业、产品和技术目录》。2001 年，海水利用作为先进环保和资源综合利用领域的高技术，被列入国家计委、科技部联合发布的《当前优先发展的高技术产业化重点领域指南》。2003 年，将海水利用写入《全国海洋经济发展规划纲要》；国家发展改革委会同国家海洋局等深入开展海水淡化专题调研。2004 年，国务院副总理曾培炎在全国海洋系统先进集体和先进工作者表彰大会上所做的重要讲话中，先后 3 次提及海水淡化与综合利用，并给予明确指示。国家发展改革委、科技部和国家海洋局对发展我国海水淡化都发挥了重要作用。科技部在"九五"、"十五"期间，进一步加大了对海水淡化技术研究和产业化发展的资金支持，直接推动了我国海水淡化的技术进步和示范推广。2004 年，国家发展改革委通过设立"城市节水与海水利用"高技术产业化专项和"节能、节水和资源综合利用"重大项目，重点支持海水淡化和海水直接利用产业化示范工程。国家海洋局也积极组织海水淡化的调查、宣传，在海水淡化的取水区域选划、环境保护等方面都采取了许多积极有效的措施。2005 年，国家发展改革委、国家海洋局、财政部联合发布《海水利用专项规划》，该规划是我国第一部有关海水淡化的规划，为我国海水淡化的发展起到了积极的作用。

1 《中国海洋二十一世纪议程》

《议程》（1996 年颁布）规划出海洋产业可持续发展目标和行动。其中特别提出，积极发展以膜法为主的海水淡化技术，形成淡化技术装备产业，生产价廉质优的淡化水。提出研究开发海水淡化技术、海水化学元素提取技术、海水直接利用技术，开发建设适用于海岛的海水淡化工程和海水直接利用工程，推进沿海地区海水综合利用的进程。

2 《全国海洋经济发展规划纲要》

《纲要》（国发[2003]13 号）在第三部分主要海洋产业－海水利用业中提出：把发展海水利用作为战略性的持续产业加以培植。继续发展海水直接利用和海水淡化技术，重点是降低成本，扩大海水利用产业规模，逐步使海水成为工业和生活设施用水的重要水源。到 2010 年，海水淡化年产量达到 2000 万 m^3 以上。海水年利用总量达到 500 亿 m^3 以上。

3 《国民经济和社会发展第十一个五年规划纲要》

《纲要》(2006—2010年)在关于发展循环经济中提出:积极开展海水淡化、海水直接利用和矿井水利用。

4 《国务院关于做好建设节约型社会近期重点工作的通知》

《通知》(国发[2005]21号)在做好建设节约型社会的重点工作中提出加快深入开展节约用水,推进节水技术改造和海水利用;推进高耗水行业节水技术改造、矿井水资源化利用;推进沿海缺水城市海水淡化和海水直接利用。

5 《海水利用专项规划》

《规划》(发改环资[2005]1561号)指出我国海水淡化的发展目标是:到2010年,我国海水淡化能力达到 80×10^4 ～ 100×10^4 m^3/d。到2020年,我国海水淡化能力达到250～ 300×10^4 m^3/d。实现大规模海水淡化产业化,海水利用装备国产化率达到90%以上,建设若干个20～ 50×10^4 m^3/d 能力的大规模海水淡化工程,实现海水利用产业的跨越式发展,建立起比较完善的海水利用宏观管理体系和运行机制。《规划》还提出我国海水淡化的发展重点、区域布局和重点工程。

6 《国家中长期科学和技术发展规划纲要》

《纲要》(2006－2020年)将海水淡化列为我国科学和技术的发展的优先主题,提出重点研究开发海水预处理技术,核能耦合和电水联产热法、膜法低成本淡化技术及关键材料,浓盐水综合利用技术等;开发可规模化应用的海水淡化热能设备、海水淡化装备和多联体耦合关键设备。

7 《国家“十一五”海洋科学和技术发展规划纲要》

《纲要》(2006－2010年)提出重点发展海水淡化与综合利用技术,开展大型海水淡化技术与产业化示范研究,开发可规模化应用的海水淡化装备和膜法低成本淡化技术及关键材料,包括日产 5×10^4 t低温多效海水淡化技术、日产10万吨级核能淡化技术和日产10 000～15 000 t反渗透海水淡化、海冰淡化关键装备技术与示范等。

8 《全国科技兴海规划纲要》

《纲要》(2008—2015年)提出了开发推广“风能产电－海水淡化－植被绿化－岛屿生态”等科技兴岛模式。通过10万吨级海水淡化与综合利用技术装备研发转化,提高海水淡化装备制造能力和产业化能力。

9 《环境保护、节能节水项目企业所得税优惠项目(试行)》

《项目(试行)》(财税[2009]166号)规定了包括海水淡化在内的税收优惠政策。

依据以上这些纲要和宪法,结合当地实际情况,各省、市也在制定相关的政策与法规。

第七篇

海水淡化大事记(2010)

2010 年 3 月 15 日，曹妃甸阿科凌反渗透膜法海水淡化项目正式开工。

2010 年 3 月 9 日，2010 年中国（广州）国际泵、阀门、管道展览会在广州举行。

2010 年 4 月 5 日，中国工程院调研组开展“浙江省沿海及海岛综合开发战略研究”项目专题调研，并对杭州水处理技术研究开发中心作了海水淡化技术产业现状考察。

2010 年 4 月 9 日，国家发展改革委组织召开的“十二五”海水淡化产业发展规划及政策研讨会在湖北恩施隆重举行。

2010 年 4 月，国家海水淡化示范工程舟山六横岛 10 万吨膜法海水淡化一期（Ⅰ）日产 1 万 m^3 工程竣工。

2010 年 4 月底，天津北疆电厂热法海水淡化一期工程（日产 10×10^4 m^3）竣工。

2010 年 5 月，中国农工民主党会同国家发展改委、科技部、财政部和国家海洋局等有关部委对天津海水利用情况进行调研。

2010 年 5 月 5 日，CWS2010 中国国际给排水水处理展览会在上海新国际博览中心举行。

2010 年 5 月 27 日，由中国海洋学会海水淡化与水再利用分会、浙江省膜学会共同举办的“2010 年全国水处理技术培训班”在杭州举行。

2010 年 6 月，舟山市岱山县大鱼山岛日产 5 m^3/d 光伏太阳能海水淡化示范工程建成。

2010 年 6 月 2 日，第三届 AQUATECH CHINA 国际水展（荷兰阿姆斯特丹国际水处理展中国展）在上海展览中心举办。

2010 年 6 月 9 日，辽宁红沿河核电站海水淡化系统正式启用。

2010 年 6 月 23 日，青岛碱业 2×10^4 m^3/d 海水淡化项目一期 1×10^4 m^3/d 投产。

2010 年 6 月 23 日，国家发展改革委、科技部、国家海洋局和青岛市人民政府联合主办的 2010亚太脱盐大会在青岛举行。

2010 年 8 月 5 日，青岛百发海水淡化项目启动，计划日产淡水 10×10^4 t。

2010 年 10 月 19 日，第十三届中国国际膜与水处理技术暨装备展在中国国际展览中心举行。

2010 年 10 月 13 日，江苏双良集团与中国神华集团国华电力等 4 家单位联合设计、研发的“25 000 m^3/d 大型低温多效蒸馏海水淡化中试装置”在河北试验成功。

2010 年 12 月 3 日，由杭州水处理技术研究开发中心组织筹建的“膜法海水淡化产业技术创新战略联盟”在杭州成立。

第八篇

结束语

海水淡化对缓解我国淡水资源短缺和促进海洋经济发展具有十分重大的意义。经过50多年的技术攻关和应用示范，我国海水淡化取得了阶段性的成果，特别是海水利用专项规划发布实施后，我国海水淡化产业得到了较快发展。但是我国目前海水淡化产业处于初步阶段，一些关键技术、设备还需要进口，海水淡化相关产品生产、装备制造、工程建设等还未形成完整体系；产业化程度较弱，应用规模小，投资运行成本高，水价体系不完善，市场竞争力不强，海水淡化价格相对于城镇自来水缺乏竞争力。

面对当前的严峻形势，迫切需要国家制订一系列有利于海水淡化产业发展的政策和规划，落实重大项目的实施工作。为促进我国海水淡化产业健康、快速发展，我们必须做到：明确海水淡化的战略定位，研究海水淡化产业的发展机制，依靠技术进步、提高创新能力，增强设备制造能力，强化示范试点，积极推动产业基地建设，组建海水淡化产业联盟，建立和完善标准、实施行业规范，研究和制定相关政策，加强宣传培训与交流，确保资源环境，力求经济合理。

国家十分重视海水淡化的发展并将海水淡化列为战略性新兴产业，国家发展改革委、科技部、工信部、住建部、水利部、国家海洋局等将进一步开展海水淡化产业发展的相关事宜，以加速海水淡化技术和产业发展。我国海水淡化应当走自主创新之路，以自主技术为主，消化吸收为辅；以企业为主体，走产学研结合的道路，强化产业化技术支撑体系；强化示范试点、促进集聚发展，加快发展海水淡化产业。

我们相信，我国的海水淡化事业将不断发展壮大，海水淡化产业将健康、快速发展。

参考文献：

[1] 杨尚宝.关于我国海水淡化产业发展的几点看法[J].水处理技术,2010,36(7):1-5.

[2] 高从堦, 陈国华. 海水淡化技术与工程手册[M].北京:化学工业出版社,2004.

[3] 王琪,郑根江,谭永文.中国海水淡化工程运行状况[J].水处理技术,2011,37(10):12-14.

[4] 谭永文,张希建,陈文松,等.荣成万吨级反渗透海水淡化示范工程[J].水处理技术,2004,30(3):157-161.

[5] 张希照, 张希建, 张建中,等.大鱼山岛光伏太阳能海水淡化示范工程[J].水处理技术,2010,36(12):67-70.

附录：

海水淡化主要单位名录

附表 1　主要研究设计单位（排名不分前后）

序号	单位名称	序号	单位名称
1	杭州水处理技术研究开发中心	21	浙江海洋开发研究院
2	国家海洋局天津海水淡化与综合利用研究所	22	中国科学院长春应用化研究所
3	清华大学	23	中国科学院大连化学物理研究所
4	浙江大学	24	中国科学院生态环境中心
5	天津大学	25	中国水利水电科学研究院水环境研究所
6	天津工业大学	26	中国科学院广州化学研究所
7	南京工业大学	27	天津化工研究设计院
8	江苏大学	28	中国电子工程设计院
9	中国海洋大学	29	上海轻工业研究所有限公司
10	大连理工大学	30	甘肃省膜科学技术研究院
11	哈尔滨工业大学	31	第二炮兵工程设计研究院
12	北京化工大学	32	重庆后勤工程学院
13	浙江理工大学	33	一重集团大连设计研究院
14	华南理工大学	34	铁道部第二勘探设计院
15	华北电力大学	35	军事医学科学院卫生装备研究所
16	浙江工业大学	36	中船重工集团公司第 704 研究所
17	浙江工商大学	37	天邦膜技术国家工程研究中心
18	浙江海洋学院	38	西安热工研究院
19	杭州电子科技大学	39	西安航天六院
20	内蒙古工业大学	40	苏州热工研究院

附表 2 主要设备生产单位及配套设备供应单位(排名不分前后)

序号	单位名称	序号	单位名称
1	杭州(火炬)西斗门膜工业有限公司	31	陶氏化学(中国)有限公司
2	杭州北斗星膜制品有限公司	32	GE水处理及工艺处理集团中国公司
3	蓝星东丽膜科技(北京)有限公司	33	西门子(中国)有限公司
4	哈尔滨乐普实业发展中心	34	美国能量回收集团
5	海南立升净水科技实业有限公司	35	格兰富水泵(上海)公司
6	天津膜天膜科技(股份)有限公司	36	日东电工(上海松江)有限公司
7	北控水务集团有限公司	37	德国滢格股份公司北京代表处
8	舟山市六横水务有限公司	38	美国科氏滤源系统有限公司
9	浙江科尔泵业股份有限公司	39	上海埃梯梯(贸易)有限公司
10	浙江爱力浦泵业有限公司	40	碧化水处理添加剂英国有限公司
11	杭州南方特种泵业有限公司	41	迈纳德膜技术(厦门)有限公司
12	青岛华轩环保科技公司	42	以色列阿科过滤技术系统有限公司
13	浙江开创环保科技有限公司	43	以色列 IDE 海水淡化技术有限公司
14	武汉凯迪水务有限公司	44	凯发集团凯能高科技工程(上海)有限公司
15	中冶海水淡化投资有限公司	45	沙特国际电力和水务公司北京代表处
16	上海电气电站设备有限公司	46	美国哈希公司
17	江苏双良集团	47	上海 ABB 工程有限公司
18	青岛力创星碟环境工程有限公司	48	众和海水淡化工程有限公司
19	浙江盾安人工环境股份有限公司	49	河北国华沧东发电有限责任公司
20	浙江千秋环保水处理有限公司	50	天津宝成机械集团有限公司
21	山东招金膜天有限责任公司	51	华欧海水淡化有限责任公司
22	北京时代沃顿科技有限公司	52	苏州膜华材料科技有限公司
23	北京坎普尔环保科技有限公司	53	大唐山东发电有限公司
24	招远市金盛水处理工程有限公司	54	北京碧水源科技有限公司
25	深圳能源滨海电厂筹建办公室	55	青岛国林实业有限责任公司
26	中国华电工程(集团)有限公司	56	珠江市江河海水处理设备工程有限公司
27	韵航水处理工程设备有限公司	57	北京清大膜科膜技术有限公司
28	栗田工业(大连)有限公司	58	山东山大环保水业有限公司
29	博能传动(苏州)有限公司	59	滨特尔水处理有限公司
30	威立雅水务工程(北京)有限公司	60	天津创新芳苑膜分离技术有限公司

附表 2 主要设备生产单位及配套设备供应单位（排名不分前后，续）

序号	单位名称	序号	单位名称
61	合众高科（北京）环境技术有限公司	91	星达（上海）过滤技术有限公司
62	沃尔液压科技（浙江）有限公司	92	滨海环保装备（天津）有限公司
63	三达膜科技（厦门）有限公司	93	国电龙源（南京）膜技术有限公司
64	厦门世达膜科技有限公司	94	大连科纳科学技术开发有限责任公司
65	大连科纳科学技术开发有限责任公司	95	广州市晶源海水淡化与水处理有限公司
66	宝帝流体控制系统（上海）有限公司	96	北京山美水美环保高科技有限公司
67	德利满水处理系统（北京）有限公司	97	柳州淼淼环保技术开发有限公司
68	巴克曼实验室化工（上海）有限公司	98	南京慧城水处理设备有限公司
69	三菱丽阳（上海）管理有限公司	99	江苏凯米膜科技股份有限公司
70	曼胡默尔管理（上海）有限公司	100	杭州英普水处理技术有限公司
71	阿科玛（中国）投资有限公司	101	广州海纳滤膜科技有限公司
72	浙江联池水务设备有限公司	102	天津森诺过滤技术有限公司
73	浙江欧美环境工程有限公司	103	北京沃德环保设备有限公司
74	玉环县中兴水处理设备有限公司	104	北京朗新明环保科技有限
75	北京赛诺膜技术有限公司	105	上海冠龙阀门机械有限公司
76	江苏一环集团有限公司	106	纳尔科工业服务（苏州）有限公司
77	枫科（北京）膜技术有限公司	107	唯赛勃环保材料制造（上海）有限公司
78	北京宝莱尔科技有限公司	108	诺芮特净化系统（上海）有限公司
79	多元环球水务集团	109	上海东方泵业（集团）有限公司
80	青岛华拓科技有限公司	110	威乐（中国）水泵系统有限公司
81	哈尔滨锅炉厂有限责任公司	111	上海富乐阀门管件有限公司
82	北京世创凯捷水处理技术有限公司	112	上海横河电机有限公司
83	北京紫光益天环境工程技术有限公司	113	广东东方管业有限公司
84	北京天元恒业水处理工程技术有限公司	114	上海众山特殊钢有限公司
85	上海开滋（KITZ）国际贸易有限公司	115	新兴铸管股份有限公
86	锡林郭勒盟泓元海水淡化有限公司	116	株洲南方阀门股份有限公司
87	山东恒沣膜科技有限公司	117	辽宁凌勃防腐工程科技有限公司
88	上海半岛水处理有限公司	118	西安百衡伯仲复合材料有限公司
89	美能材料科技有限公司	119	阿法拉伐（上海）技术有限公司
90	北京银海洁过滤技术有限公司	120	汉胜工业设备（上海）有限公司

敦 煌

巴 西